高等院校精品课程系列教材

教育部人文社会科学研究青年基金项目研究成果

SQL Server 与 JSP 动态网站开发
——从设计思想到编程实战

姜 强 赵 蔚 主 编

孙学玉 孙晶华 副主编

電子工業出版社

Publishing House of Electronics Industry

北京 • BEIJING

内 容 简 介

《SQL Server与JSP动态网站开发——从设计思想到编程实战》是教育部人文社会科学研究青年基金项目“自适应学习系统理论模型建构及其效果实证研究”（项目编号：12YJCZH086）课题研究系列的成果，主要讲解了SQL Server数据库与JSP动态网站开发技术。本书是作者在多年项目开发过程中的经验总结，同时也是多年来教学实践经验的总结。此外，本书还汇集了学生在学习SQL Server与JSP时遇到的有关概念、操作、应用等各种问题及解决方案，在书中以注意、友情提示及知识扩展等标签形式进行注解。全书共分8章，所有知识都结合具体实例进行讲解，为读者提供了一本学习SQL Server与JSP动态网站开发时图文并茂的新华字典，真正实现“以经验为后盾，以实例为导向，以实用为目标”的目的，使读者能够快速掌握SQL Server与JSP动态网站的编程思想与技巧。此书可以作为初学者快速成长为SQL Server与JSP应用专家的桥梁。

本书适合作为高等学校、中等专业学校动态网站开发必修及选修教材，也可以作为动态网站开发人员的培训教材，同时也适合动态网站开发爱好者阅读。

图书在版编目（CIP）数据

SQL Server 与 JSP 动态网站开发：从设计思想到编程实战/姜强，赵蔚主编. —北京：电子工业出版社，2013.8
高等院校精品课程系列教材
ISBN 978-7-121-21041-9

Ⅰ. ①S… Ⅱ. ①姜… ②赵… Ⅲ. ①关系数据库系统－高等学校－教材②JAVA 语言－网页制作工具－高等学校－教材 Ⅳ. ①TP311.138②TP312③TP393.092

中国版本图书馆 CIP 数据核字（2013）第 164938 号

策划编辑：张贵芹
责任编辑：李　蕊
印　　刷：北京丰源印刷厂
装　　订：三河市鹏成印业有限公司
出版发行：电子工业出版社
　　　　　北京市海淀区万寿路 173 信箱　邮编　100036
开　　本：787×1092　1/16　印张：14.25　字数：364.8 千字
印　　次：2013 年 8 月第 1 次印刷
定　　价：29.80 元

主编介绍

姜强，教育技术学博士，东北师范大学计算机科学与信息技术学院讲师，硕士生导师。主要研究方向是网络个性化、自适应学习。从事动态网站开发工作13年，为学校网络学院自主开发了网络教学辅助平台、“双向互动式”《现代教育技术》公共课网络教学平台，设计与制作20余门精品网络课程，做过电子商务网站平台建设和企事业门户网站制作等。先后主持过教育部人文社会科学研究青年基金项目：自适应学习系统理论模型建构及其效果实证研究；省社科联辽宁经济社会发展立项课题：终身学习背景下的个体数字化学习服务模式研究——以辽宁高校教师为例；辽宁省教育科学“十二五”规划一般课题：大学生网络自主学习能力个性发展培养模式应用研究；全国教育信息技术研究“十二五”规划专项课题：基于用户模型的网络个性化学习服务模式研究等。已在《电化教育研究》、《中国电化教育》、《开放教育研究》、《中国远程教育》、《现代远距离教育》等国内重要的学术期刊上发表学术论文23篇，出版教材3部。先后获得吉林省第八届教育科学优秀成果一等奖1项，辽宁省自然科学学术成果奖论文类一等奖2项、二等奖1项和三等奖1项，大连市自然科学学术成果奖论文类三等奖3项，国家级软件著作权1项，以及辽宁省第六届高等教育教学成果二等奖1项。

赵蔚，工学博士，东北师范大学计算机科学与信息技术学院教授，博士生导师，兼任全国教育硕士专业学位教育指导委员会教育技术分委会委员，吉林省高等教育教育技术专业委员会副秘书长、常务理事，中国电子学会高级会员。主要研究方向是数字化学习、网络自适应学习系统、图像视频数据处理。先后主持过教育部人文社会科学研究项目：面向个人终身学习的数字化学习服务模式研究（2008)；吉林省科技发展计划项目：语义网环境下的自适应学习系统研究（2007)；吉林省教育科学规划项目：高校隐性知识转化问题研究（2006)。同时作为主要参与人参加多项国家自然科学基金项目、国家863高技术青年基金项目等。已在《计算机辅助设计和图形学学报》、《中国图像图形学报》、《中国电化教育》、《电化教育研究》等核心学术期刊上发表论文80余篇，出版教材2部。先后获得国家级软件著作权1项，吉林省第八届教育科学优秀成果三等奖1项，吉林省高等教育省级教学成果三等奖1项，其他省级学术论文成果一等奖20余项。

前　言

SQL Server 与 JSP 技术是目前动态网站开发中最常见的组合之一。JSP 基于 Java 技术，因其具有跨平台性、开发简单、功能强大等特点而被广泛应用于各种 B/S 结构的动态网站开发系统中。SQL Server 数据库则是目前世界上使用比较广泛的数据库系统，作为一个通用的数据库系统，它具有完整的数据管理功能。作者通过总结多年的项目开发经验、教学实践经验，以及学生在学习 SQL Server 与 JSP 时遇到的有关概念、操作、应用等各种问题及解决方案，依照读者的认知特性和学习规律，精心编排了这本书。全书共由 8 章组成，是教育部人文社会科学研究青年基金项目“自适应学习系统理论模型建构及其效果实证研究”（项目编号：12YJCZH086）课题研究系列的成果。

作者从事动态网站开发教学工作十三年，既教过 ASP+Access 动态网站开发，也教过 ASP.net+SQL Server 动态网站开发。近七年作者对 JSP 的应用具有浓厚的兴趣，一直想完成一本关于 SQL Server 与 JSP 动态网站开发技术的书籍，平时也收集了不少素材，在开发很多项目的基础上积累了丰富的经验。此时，正好借助教育部人文社会科学研究青年基金项目的研究成果，作者将编写关于 SQL Server 与 JSP 动态网站开发一书的想法及该书拟编写目录发给了导师赵蔚教授和师姐王朋娇教授，得到了她们的肯定，同时也在她们的鼓励和支持下，承担起了这本书的编写工作。本书主要分为 SQL Server 和 JSP 两部分，首先介绍了 SQL Server 数据库的安装、创建、备份、还原方法与 SQL 语言中常见的查询语句。然后详细介绍了 JSP 最佳开发组合工具的安装与配置、部署与发布一个 JSP 的 Web 文件、JSP 的 4 类 8 种基本数据类型、JSP 主要内置对象 JDBC 操作 SQL Server 技术及 Java Script、正则表达式、AJAX 技术的运用，CKEditor、CFinder 组合的 HTML 编辑器应用和 JSP Smart Upload 文件上传组件应用。最后分别基于传统未分层设计模式和 DAO 分层设计模式，从后台和前台两个层面实现 SQL Server 与 JSP 动态网站开发的思想与过程。

本书特色：

1．案例教学、举一反三。本书的知识点都配备了相关的案例，并在某些知识点后面增加了举一反三的内容，使读者更加快速、方便地掌握相关的 SQL Server 与 JSP 技术编程思想与技巧。

2．代码准确、注释清晰。本书所有案例的代码都完整、准确，并且有详细的注释，以便读者理解核心代码的功能和逻辑意义。

3．语言精练，通俗易懂。每一个知识点和案例都以通俗易懂的语言阐述，读者只需按照所给出的步骤进行学习，就能够迅速掌握 SQL Server 与 JSP 动态网站开发的精髓。

4．形式新颖。本书用准确的语言总结概念，用直观的图片演示过程，用形象的比喻帮助记忆。

5．贴心的提示。为了便于读者阅读，全书还穿插着一些注意、友情提示、知识扩展等小贴士，约定如下。

（1）注意——提出学习过程中需要特别注意的一些知识点和内容或相关信息。

（2）友情提示——通常是一些贴心的提醒，让读者加深印象或给读者提供建议和解决问题的方法。

（3）知识扩展——通过知识扩展能够丰富读者的知识面，更易于读者对所学知识的理解。

本书由姜强统稿编写，其中赵蔚、孙学玉、孙晶华等作为主要负责人参与了第6～8章内容的编写。此外，本书在编写过程中得到了辽宁师范大学王朋娇教授的指导和帮助，在此表示衷心的感谢！

本书的编写是在不断学习、工作积累的基础上完成的，由于能力有限，书中的不足之处在所难免，恳请广大读者不吝指正（jiangqiang@nenu.edu.cn，zhaow577@nenu.edu.cn）。

姜强　赵蔚

2013年2月17日于长春

目　　录

第 1 章　SQL Server 数据库概述

【学习目标】

通过本章的学习，应能够：

- 了解 SQL Server 数据库
- 能够正确安装 SQL Server 数据库（以 2005 简易版为例）
- 熟悉数据库和数据表的创建方法
- 了解数据表字段中主键的含义
- 掌握创建数据库登录名和密码的方法
- 掌握两种备份与还原数据库方法

本章主要讲述数据库的概念、常见数据库的种类，并以 SQL Server 数据库为例，重点介绍了 SQL Server 数据库的安装、启动、创建、备份和还原等具体过程，同时还重点介绍了如何创建数据表、常见的数据类型及数据库登录账号，最后详细阐述了采用两种方法进行数据库的备份和还原。

1.1　了解 SQL Server 数据库

数据库是计算机领域的一个重要分支，主要用途是存储数据，并且是持久化存储。在众多的数据库，如 Access、MySQL、SQL Server、Oracle 等数据库管理系统中，SQL Server 以其操作简单方便、界面友好，获得了广泛的应用。

SQL Server 是一种关系型数据库，库中由多张表构成，各表之间可根据主键建立一定的关联关系，如一对一、一对多、多对多、多对一等关系。相比 Access 等小型数据库，SQL Server 具有以下几点优势：

- 存储数据量更大。而 Access 数据库存储数据的上限是 100 万条信息，一般小型企业、学校门户网站等机构可以采用。
- 安全性更高。而 Access 数据库物理路径容易被发现、下载。
- 稳定性更好。Access 数据库支持同时访问人数不多，不超过 100 人为好，否则会出现页面无法访问信息。
- 访问速度更快。因为 SQL 数据库稳定性好，支持同时访问人数也多，所以访问速度更快。
- 能实现异地链接。对于 SQL 数据库，只要知道服务器的 IP 地址、数据库登录名称和密码，便能实现异地访问。

此外，Access 主要与动态开发语言 ASP 搭配使用，MySQL 主要与动态开发的语言 PHP 搭配使用。而目前与国内市场两大主流动态网站开发技术 ASP.NET 和 JSP 合理搭配的数据库为 SQL Server 和 Oracle，其中 Oracle 主要应用于大型项目开发中，如常见的电子商务网站淘宝、亚马逊等。对于中型项目开发多数采用 SQL Server。

【友情提示】主键：可将数据库表中代表唯一值的字段设为主键，如代表身份证的字段。通过设定主键的字段不但能够标志身份，而且也能建立表与表之间的关系。

1.2 安装 SQL Server 数据库

1.2.1 技术要点

SQL Server 2005 常见版本主要包括 Enterprise（企业版）、Development（开发版）、Express（简易版）等。究竟应该使用哪一版呢？这是许多初学 SQL Server 2005 的人最常问的问题。简单比较一下 Enterprise、Development 和 Express 这三个版本，三者之间的差别主要在于以下四个方面:

（1）就操作系统而言，Enterprise 版的数据库引擎只能安装在 Win2003 Server、Win2008 Server 等服务器系统上；Development 和 Express 这两个版本则只能安装在 Windows XP、Vista 或 Win7 等系统上。

（2）就功能而言，Enterprise 版和 Development 版的功能差不多，都比较强大；而 Express 版要弱些。

（3）就安装过程而言，Enterprise、Development 版都含数据库引擎和 SQL Server Management Studio Express（数据库管理器），只需安装一次即可；Express 版只含数据库引擎，SQL Server Management Studio Express 需要单独下载安装，这点稍显复杂。

（4）就购买费用而言，Enterprise、Development 两个版本是要花钱购买使用的，而 Express 版本是免费的。此外，Express 版还具有易用、便于管理的特点，所以本课程以 Express 版为例进行讲授。

【友情提示】SQL Server Management Studio Express：数据库管理器，用于管理和创建 SQL Server 2005 Express，同时能创建 SQL Server 2005 Express 数据库引擎实例。

1.2.2 实现过程

以 SQL Server 2005 Express 为例进行详细介绍。

1．下载 SQL Server 2005 Express 和 SQL Server Management Studio Express

用户可以访问微软官网，如 http://www.microsoft.com/zh-cn/download/details.aspx?id=21844，下载中文版 SQL Server 2005 Express，如文件“SQLEXPR_CHS.EXE”，此文件适用于 32 位和 64 位系统。用户还需访问微软官网，如 http://www.microsoft.com/zh-cn/download/details.aspx?id=8961，下载中文版 SQL Server Management Studio Express。注意，应根据系统位数（32 位或 64 位）下载相应文件。

2．安装 SQL Server 2005 Express 和 SQL Server Management Studio Express

（1）在安装 SQL Server 2005 Express 前，请下载并安装 Microsoft .NET Framework 2.0

（http://www.microsoft.com/zh-cn/download/details.aspx?id=1639）。注意，用户要根据 32 位系统和 64 位系统对应下载。

（2）双击“SQLEXPR_CHS.EXE”图标，进入“最终用户许可协议”对话框，单击选中“我接受许可条款和条件”复选框，如图 1.1 所示，然后单击“下一步”按钮，进入安装必备组件。

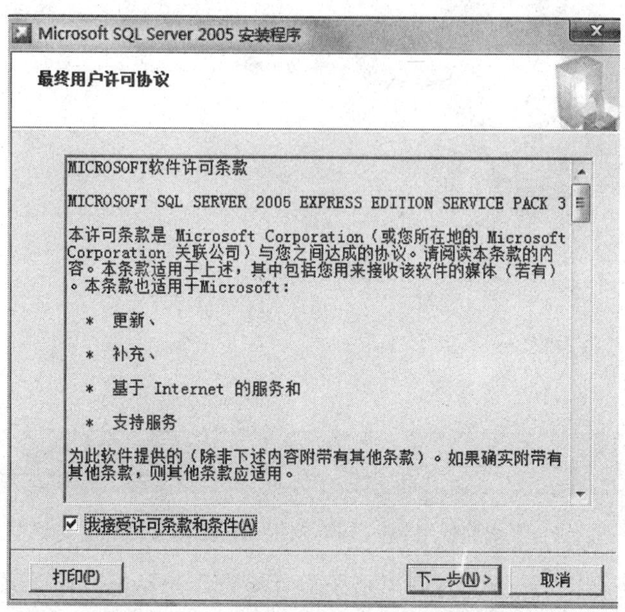

图 1.1　“最终用户许可协议”对话框

（3）单击“下一步”按钮，系统自动安装 SQL Server 2005 必备组件，如图 1.2 所示。

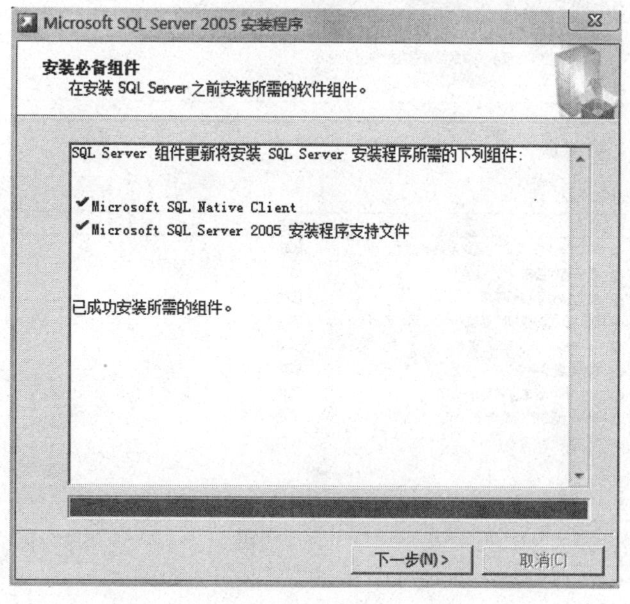

图 1.2　“安装必备组件”对话框

（4）单击“下一步”按钮，进入“欢迎使用 Microsoft SQL Server 安装向导”对话框，如图 1.3 所示。

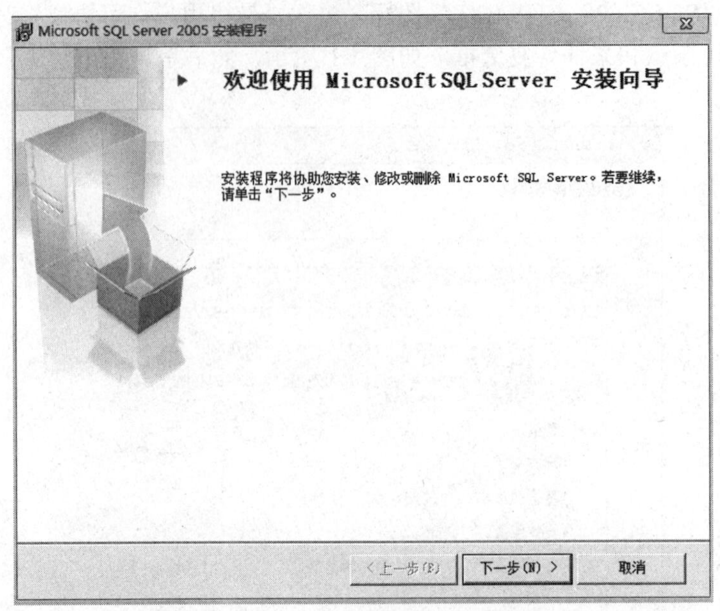

图 1.3　“欢迎使用 Microsoft SQL Server 安装向导”对话框

（5）单击“下一步”按钮，打开“系统配置检查”对话框，检查系统中是否存在潜在的安装问题，如图 1.4 所示。**强烈建议**：在这个测试中需要完全符合要求！如果不能符合要求，请查看报告后退出“SQL Server 2005”软件的安装。

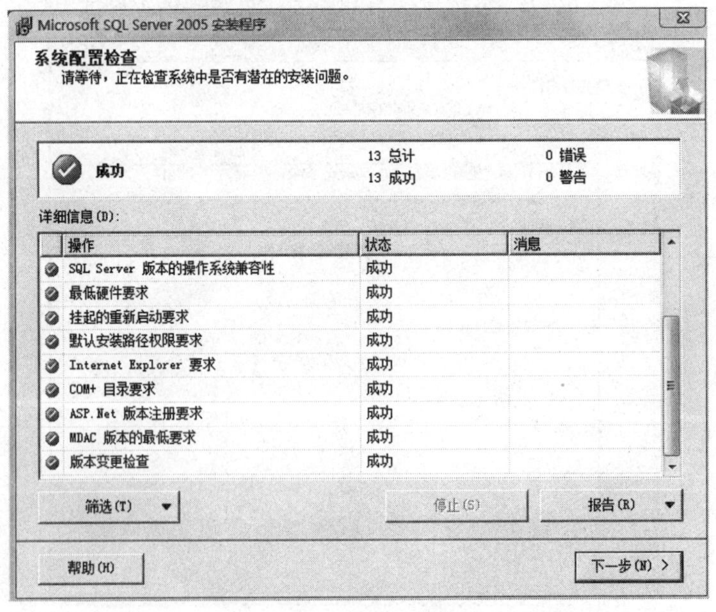

图 1.4　“系统配置检查”对话框

（6）单击“下一步”按钮，进入“注册信息”对话框，如图 1.5 所示。输入“姓名”和“公司”等信息，一般默认即可。

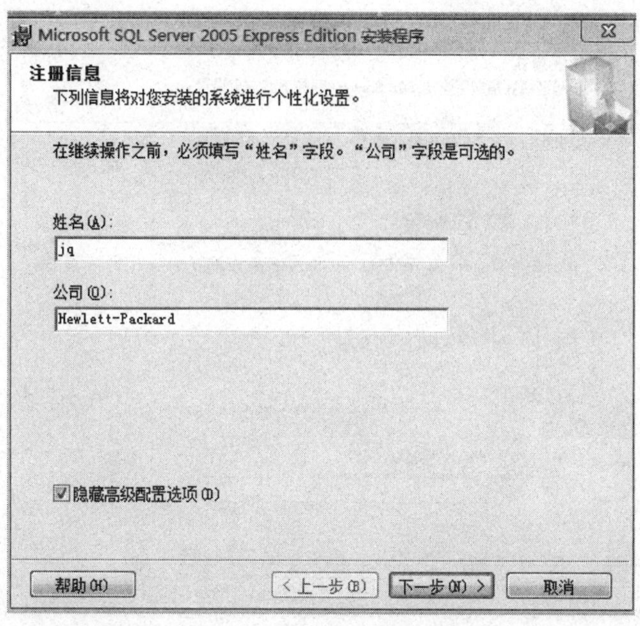

图 1.5　“注册信息”对话框

（7）单击“下一步”按钮，进入“功能选择”对话框。功能选项主要包括数据库服务和客户端组件，其中前者必选，后者可选。通常默认即可，如图 1.6 所示。

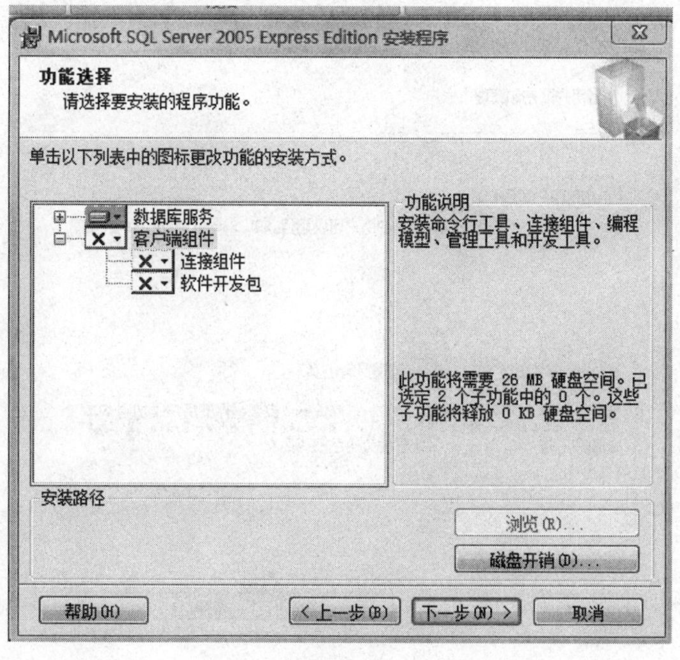

图 1.6　“功能选择”对话框

（8）单击“下一步”按钮，进入“身份验证模式”对话框，选择连接 SQL Server 时所使用的身份验证模式，如图 1.7 所示，这里默认选择即可（即选择 Windows 身份验证模式）。

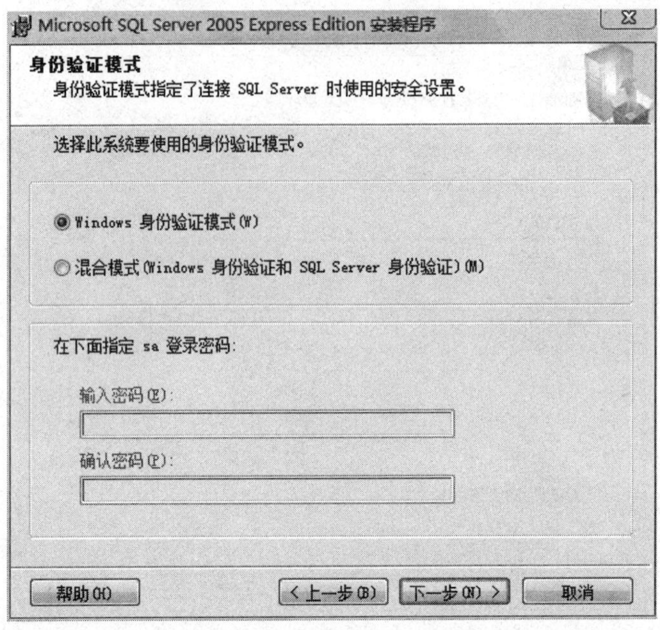

图 1.7 “身份验证模式”对话框

（9）单击“下一步”按钮，进入“配置选项”对话框，默认选择“启用用户实例”复选框，如图 1.8 所示。

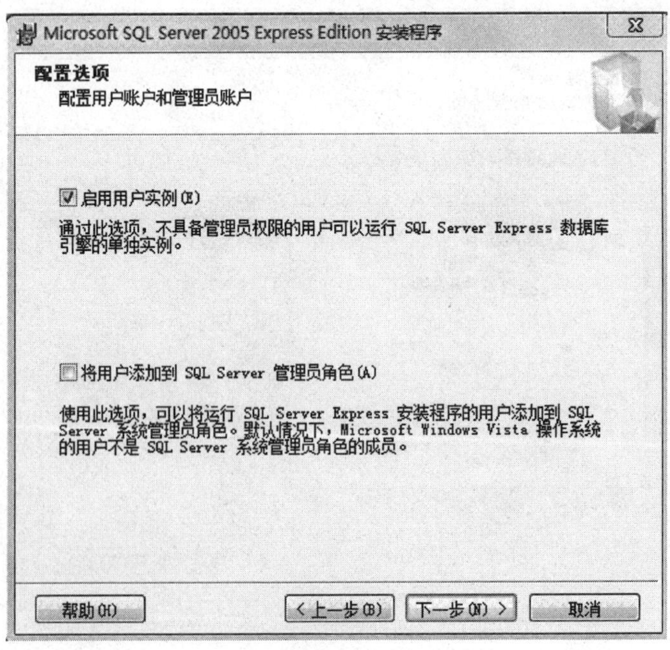

图 1.8 “配置选项”对话框

（10）单击“下一步”按钮，进入“错误和使用情况报告设置”对话框，默认不选，如图 1.9 所示。

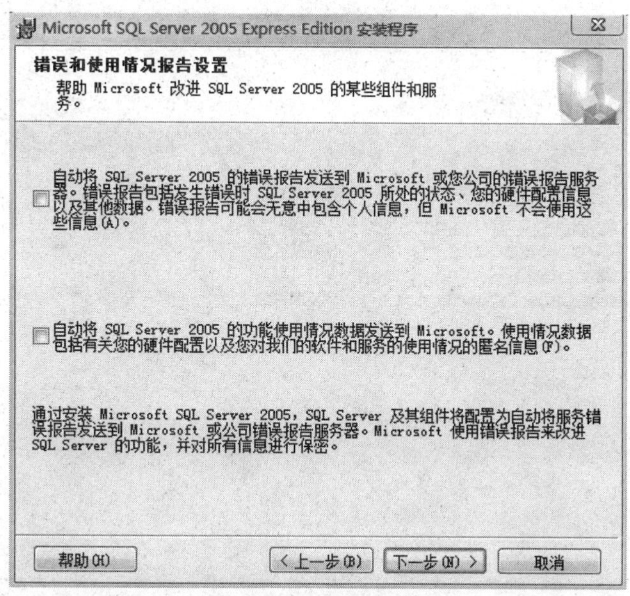

图 1.9　“错误和使用情况报告设置”对话框

（11）单击“下一步”按钮，进入“准备安装”对话框。该对话框中显示了准备安装的组件，如图 1.10 所示。

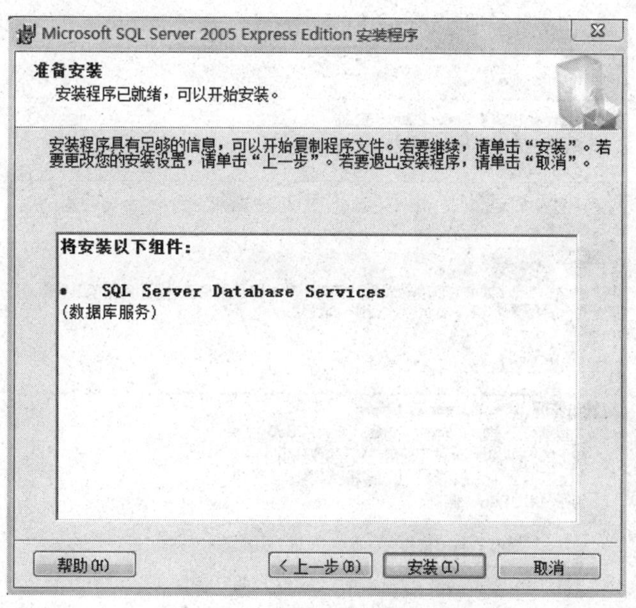

图 1.10　“准备安装”对话框

（12）单击“安装”按钮，开始安装。安装完以后出现如图 1.11 所示的“安装进度”对话框。注意，如果系统中已安装过 SQL Server，则需要将其彻底删除（包括安装目录文件），默认位置为 C:\Program Files\Microsoft SQL Server。**强烈建议**：注册表中关于 SQL Server 的信息也删除。

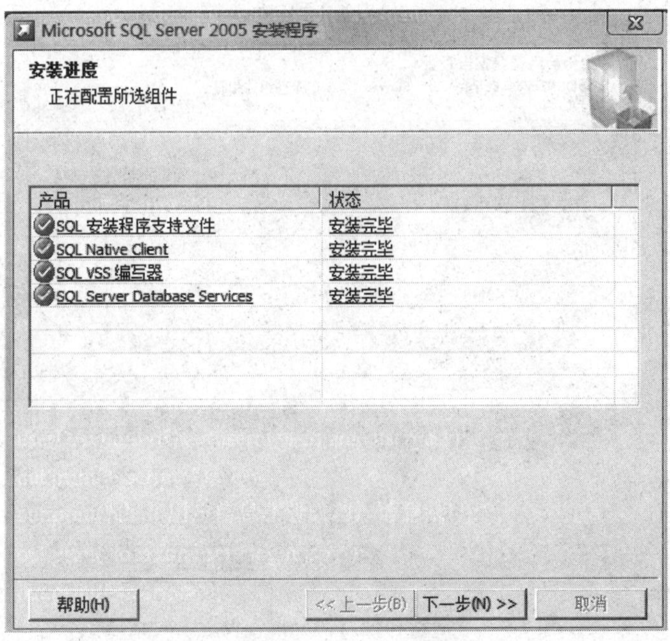

图 1.11　“安装进度”对话框

（13）单击“下一步”按钮，进入“完成 Microsoft SQL Server 2005 安装”对话框，如图 1.12 所示。单击“完成”按钮，完成 SQL Server 2005 Express 的安装。

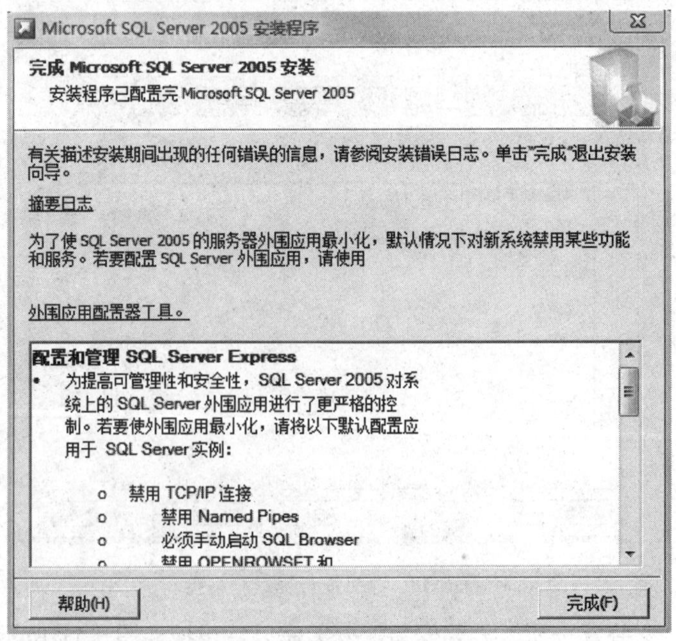

图 1.12　“完成 Microsoft SQL Server 2005 安装”对话框

（14）双击“SQLServer2005_SSMSEE.msi”（32 位系统文件），进入“欢迎使用 Microsoft SQL Server Management Studio Express 安装向导”对话框，如图 1.13 所示。

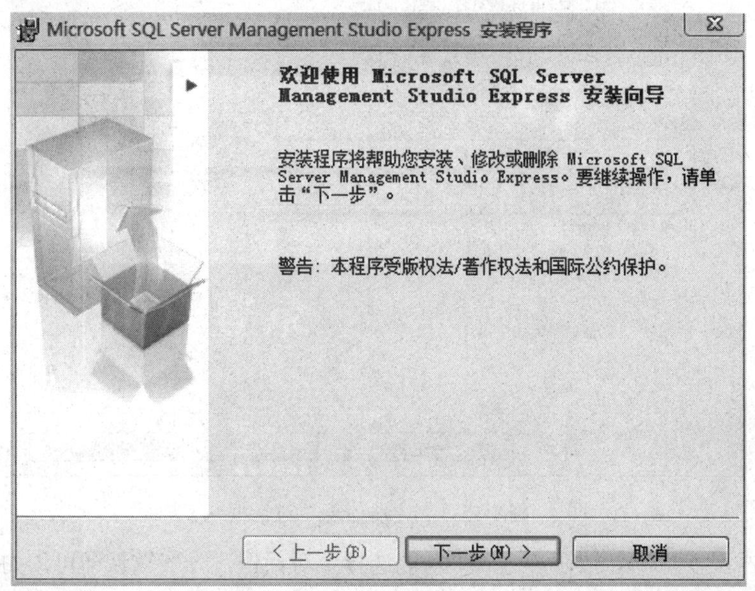

图 1.13　“欢迎使用 Microsoft SQL Server Management Studio Express 安装向导”对话框

（15）单击“下一步”按钮，进入“许可协议”对话框，选择“我同意许可协议中的条款（A）”单选钮，如图 1.14 所示。

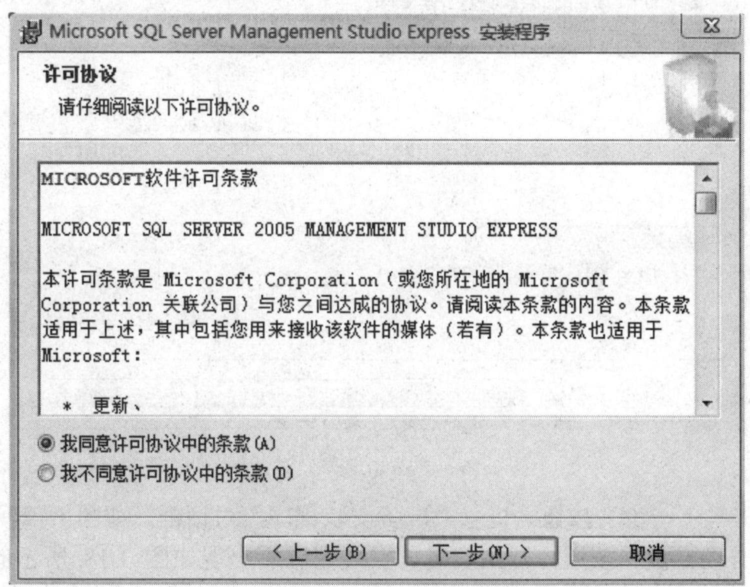

图 1.14　“许可协议”对话框

（16）单击“下一步”按钮，进入“注册信息”对话框，如图 1.15 所示，输入“姓名”和“公司”等信息，一般默认即可。

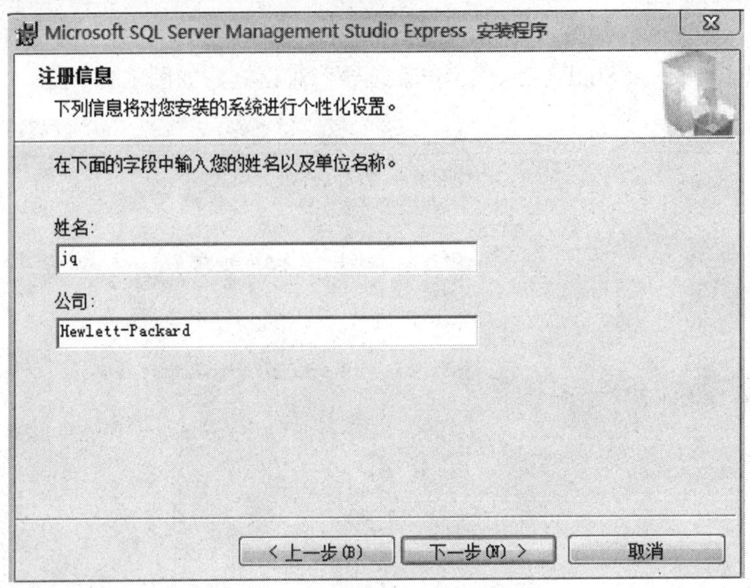

图 1.15 “注册信息”对话框

（17）单击“下一步”按钮，进入“功能选择”对话框，一般默认即可，如图 1.16 所示。

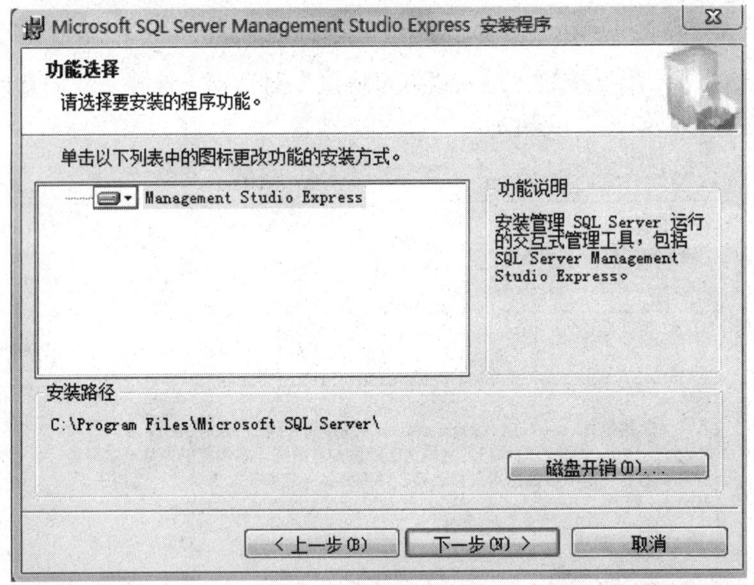

图 1.16 “功能选择”对话框

（18）单击“下一步”按钮，进入“准备安装程序”对话框，如图 1.17 所示。

（19）单击“安装”按钮，开始安装。安装完以后出现如图 1.18 所示的“正在完成 Microsoft SQL Server Management Studio Express 安装程序”对话框。单击“完成”按钮，即可完成 Microsoft SQL Server Management Studio Express 的安装。

至此，Microsoft SQL Server 2005 Express 和 Microsoft SQL Server Management Studio Express 都已顺利安装完毕。

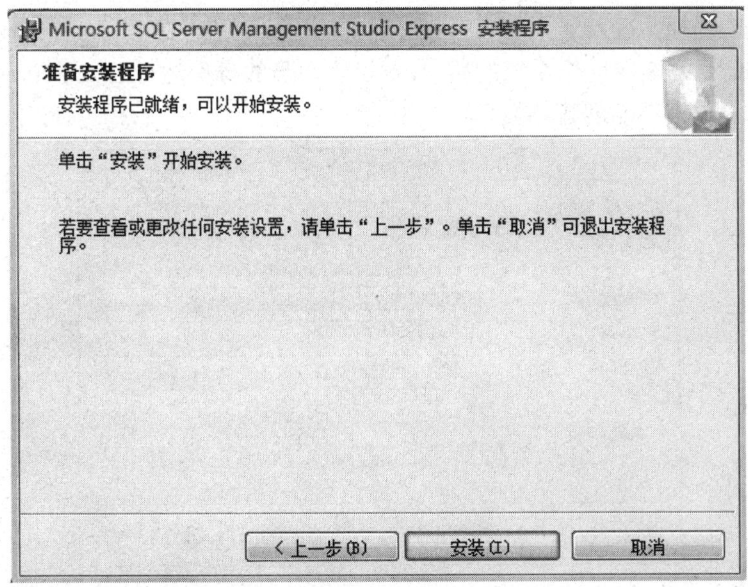

图 1.17　"准备安装程序"对话框

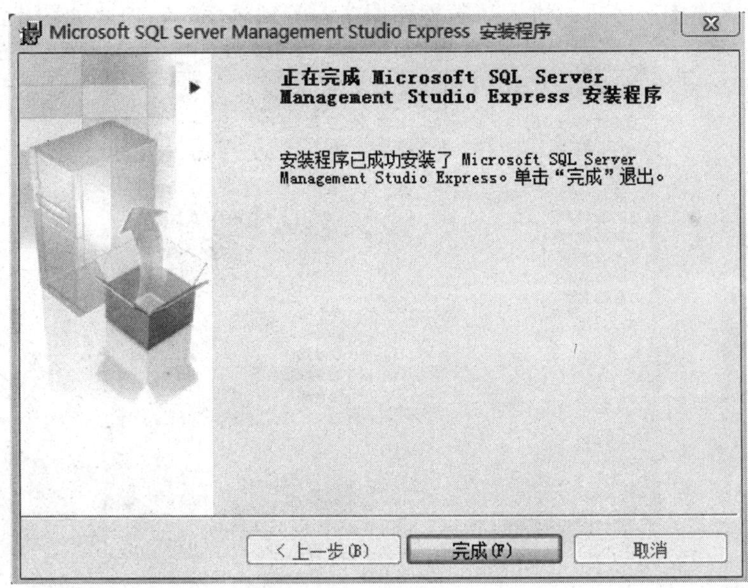

图 1.18　"正在完成 Microsoft SQL Server Management Studio Express 安装程序"对话框

1.3　管理 SQL Server 数据库

1.3.1　打开与创建 SQL Server 数据库

1. 打开 SQL Server 数据库

（1）单击"开始"→"程序"→"Microsoft SQL Server 2005"→"SQL Server Management

Studio Express”选项，进入“连接到服务器”对话框，如图 1.19 所示。**特别注意**：对于使用 Vista 或 Win7、Win8 等操作系统的用户，要以管理员的身份运行 SQL Server Management Studio Express，否则不能创建数据库。

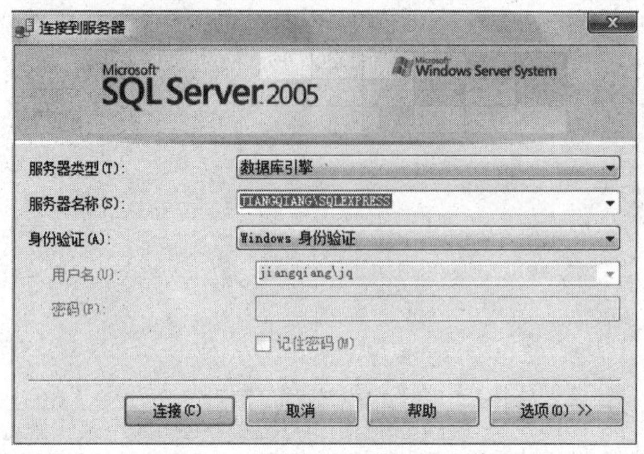

图 1.19 “连接到服务器”对话框

（2）单击“连接”按钮，进入“数据库服务器管理界面”窗口，如图 1.20 所示。

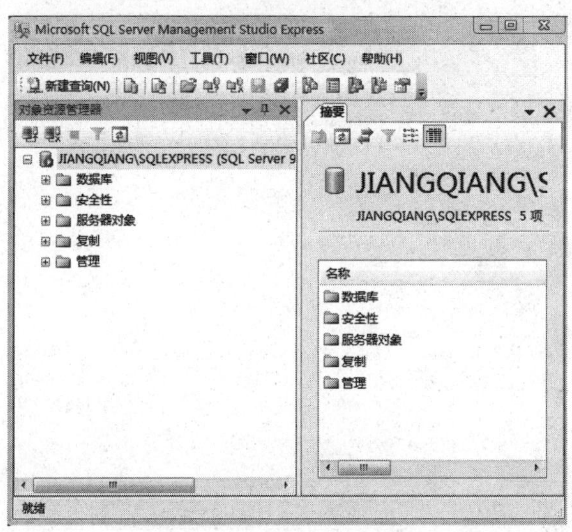

图 1.20 “数据库服务器管理界面”窗口

【友情提示】在“连接到服务器”对话框中的“服务器名称”文本框中填写的必须为本计算机名或 IP 地址。“身份验证”位置有两种模式，一种是 Windows 身份验证，属于管理员权限登录；另一种是 SQL Server 身份验证，属于数据库指定用户名的权限登录。

2．创建一个数据库

（1）右键单击“数据库”文件包，从弹出的快捷菜单中选择 “新建数据库”选项，进入“新建数据库”对话框，填写数据库名称，如“studentDb”，如图 1.21 所示。**特别注意**：更改新建数据库路径时，必须确保“数据”和“日志”两个文件在同一位置。

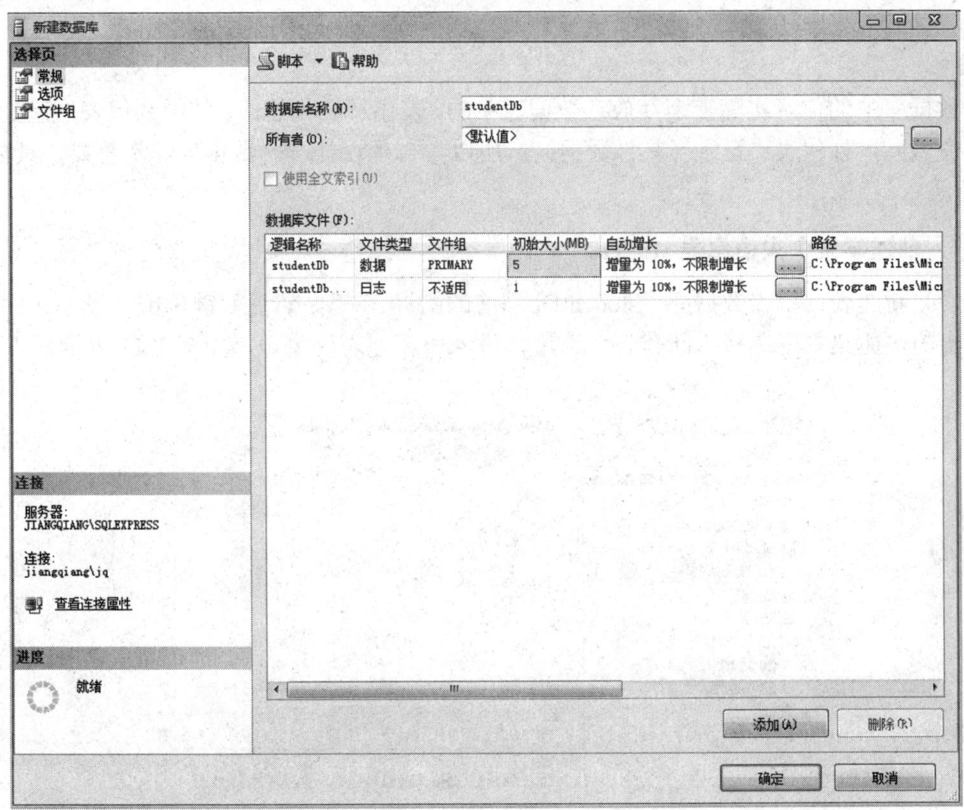

图 1.21　“新建数据库”对话框

（2）单击“确定”按钮，“studentDb”数据库创建完成，单击“数据库”文件包前面的图标“⊞”，可以看到新建的数据库“studentDb”，如图 1.22 所示。

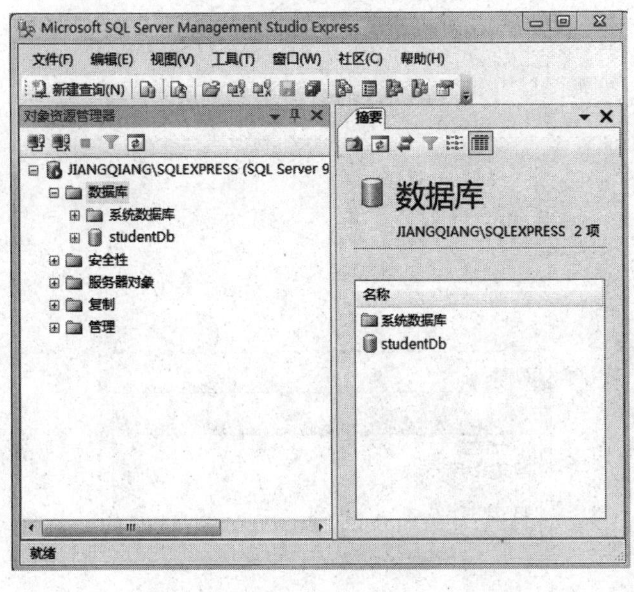

图 1.22　“已创建 studentDb 数据库”窗口

1.3.2 创建数据表和了解字段基本数据类型

数据库中的信息实际上是存放在数据表中的，表由行和列组成，其中列代表“字段（用变量命名）”，行代表“记录（具体数据）”。所以，合理设计一个数据表非常重要，具体实现如下。

1．创建学生个人信息表 student

（1）新建表：单击数据库“studentDb”前的图标“⊞”，然后右键单击“表”文件包，从弹出的快捷菜单中选择“新建表”选项，进入“新建表”窗口，如图 1.23 所示。

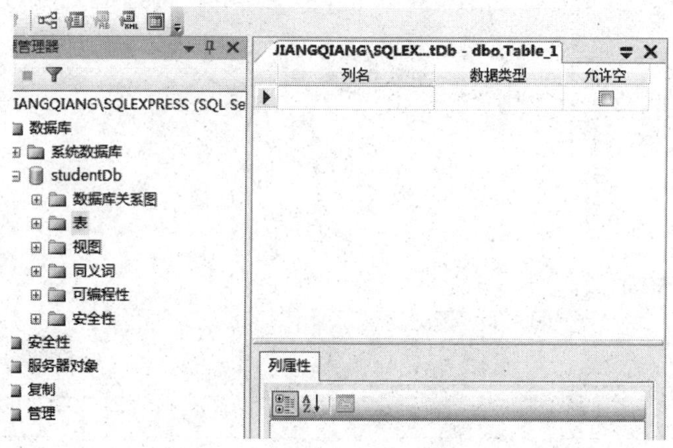

图 1.23 “新建表”窗口

（2）设置表标识字段 id：填写第一个列名“id”，设定数据类型为“int”，同时在“列属性”区域中的“标识规范”中设定“是标识”的值为“是”，如图 1.24 所示。

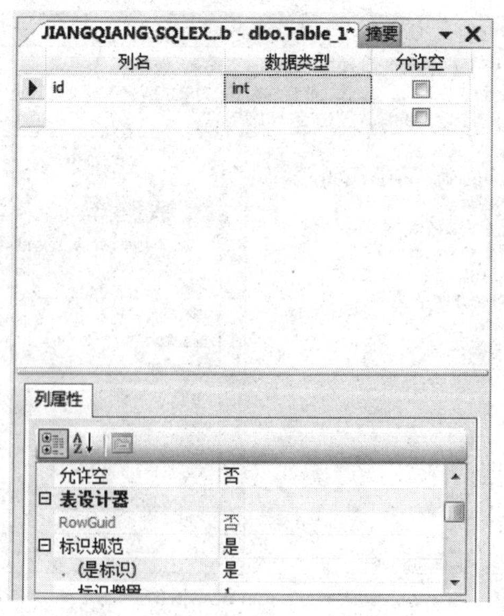

图 1.24 设置“id”字段窗口

【友情提示】 id 字段：通常设计的所有数据表中的第一个字段都为“id”，同时将其设置为“标识”，这样 id 值将会以“自增 1”的方式自动填入，且每次值肯定不同，可实现利用 id 对数据进行删除、修改、读取等操作，具体用法在后面有详细介绍。

（3）设定表其他字段：依次填写字段学号 stuNumber（varchar（50），不为空）、姓名 stuName（varchar（50），可为空）、性别 stuXb（varchar（50），可为空）、年龄 stuAge（int，可为空）、出生日期 stuBirth（datetime，可为空），如图 1.25 所示。

【友情提示】 理解字段是否为空：通常规定能够代表身份，即具有唯一值的字段（如学号、身份证号等）不能为空，其他字段可为空，也可以不为空。

（4）单击表右上角的“ ✕ ”图标，进入“保存对以下各项的更改吗？”对话框，如图 1.26 所示。

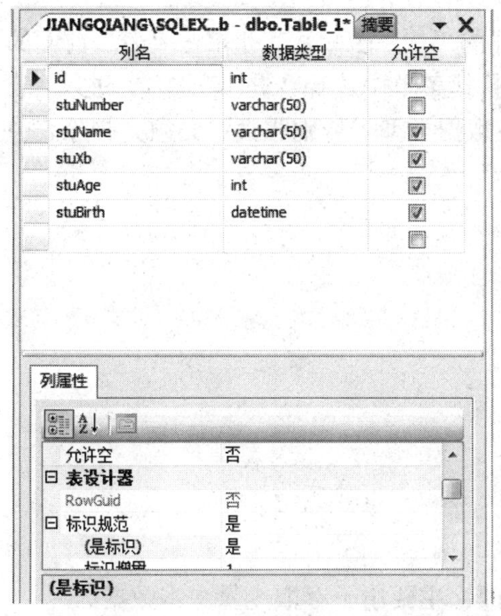

图 1.25　“所有字段”窗口

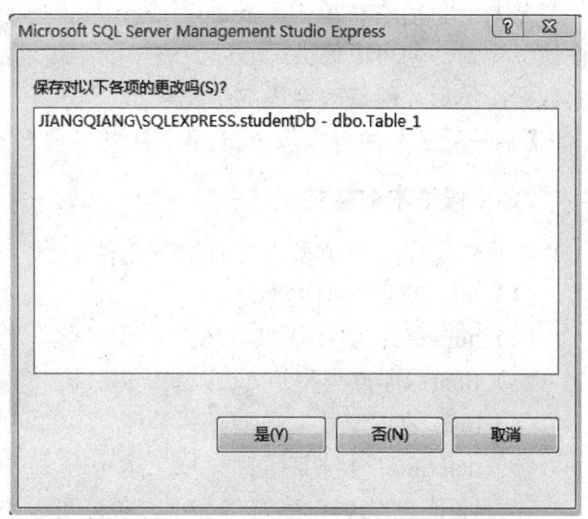

图 1.26　“保存对以下各项的更改吗？”对话框

（5）单击“是”按钮，进入“选择名称”对话框，填写表名为“student”，如图 1.27 所示。**特别强调**：表名不能采用常见的关键词（如 for、name、where、to 等）命名。

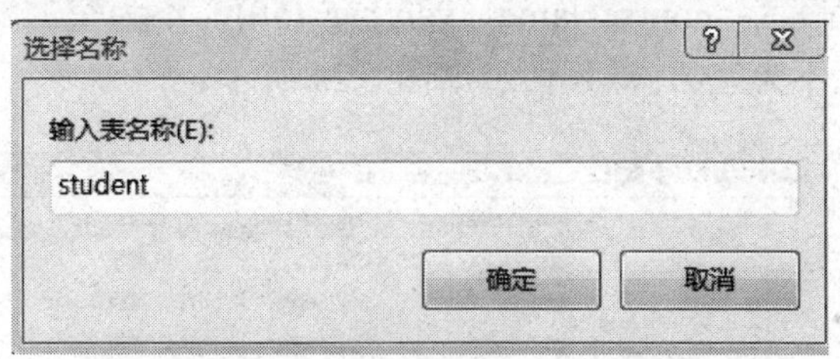

图 1.27　“选择名称”对话框

（6）单击“确定”按钮，学生个人信息 student 表创建完成。

（7）单击数据库“studentDb”前面的“ ⊞ ”图标，然后单击“表”前面的“ ⊞ ”图标，右键单击“student”表，从弹出的快捷菜单中选择“打开表”选项，即可向表中填入数据，如图 1.28 所示。注意，id 字段值自动填入，不能手填。

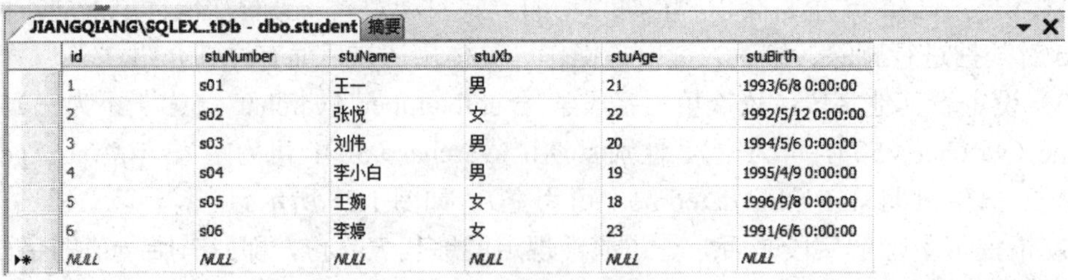

JIANGQIANG\SQLEX...tDb - dbo.student 摘要

id	stuNumber	stuName	stuXb	stuAge	stuBirth
1	s01	王一	男	21	1993/6/8 0:00:00
2	s02	张悦	女	22	1992/5/12 0:00:00
3	s03	刘伟	男	20	1994/5/6 0:00:00
4	s04	李小白	男	19	1995/4/9 0:00:00
5	s05	王婉	女	18	1996/9/8 0:00:00
6	s06	李婷	女	23	1991/6/6 0:00:00
NULL	NULL	NULL	NULL	NULL	NULL

图 1.28 “已填入学生个人信息表”窗口

（8）单击 student 表右上角的“ ✕ ”图标，在关闭表的同时自动保存学生个人信息。

【友情提示】如何修改 student 表中的字段名或数据类型？

实现过程：首先单击数据库“studentDb”前面的“⊞”图标，其次单击“表”前面的“⊞”图标，然后右键单击“student”表，从弹出的快捷菜单中选择“设计”选项，进入“表设计”窗口，便可以修改 student 表中的字段名或数据类型。**特别强调**：必须先删除表中的数据，然后才能修改字段的数据类型。

【举一反三】如何删除 student 表中的字段名？

2．字段基本数据类型

常见的字段数据类型主要有以下几种。

（1）int：整数数据类型。

（2）numeric：数字类型。

（3）float：浮点类型。

（4）bit：逻辑型数据类型，即是/否、0/1。

（5）datetime：日期时间型。

（6）varchar（50）：字符串类型，长度可以更改，主要用于存取少量文本数据。

（7）varchar（MAX）：字符串类型，主要用于存取大量文本、图片、动画等数据。

【举一反三】创建课程表 course 和成绩表 grade。

- **课程表 course**：包含字段 id（int，不为空，设标识）、课程号 courseNumber（varchar (50)，不为空）、课程名字 courseName（varchar (50)，不为空）、课程类型 courseType（varchar (50)，不为空），课程信息如图 1.29 所示。

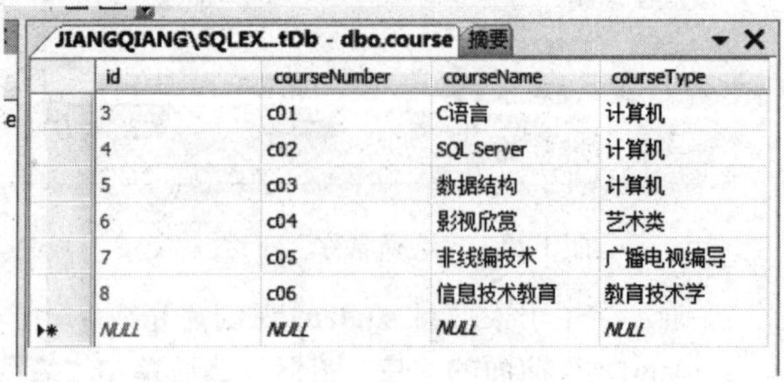

JIANGQIANG\SQLEX...tDb - dbo.course 摘要

id	courseNumber	courseName	courseType
3	c01	C语言	计算机
4	c02	SQL Server	计算机
5	c03	数据结构	计算机
6	c04	影视欣赏	艺术类
7	c05	非线编技术	广播电视编导
8	c06	信息技术教育	教育技术学
NULL	NULL	NULL	NULL

图 1.29 “已填入课程信息表”窗口

- **成绩表 grade**：包含字段 id（int，不为空，设标识）、学号 stuNumber（varchar（50），不为空）、课程号 courseNumber（varchar（50），不为空）、课程成绩 courseGrade（numeric(18, 1)，小数点保留 1 位，可为空），成绩信息如图 1.30 所示。

JIANGQIANG\SQLEX...entDb - dbo.grade　摘要

	id	stuNumber	courseNumber	courseGrade
▶	1	s03	c03	88.5
	2	s04	c04	89.5
	3	s02	c02	92.5
	4	s01	c01	93.0
	5	s05	c02	83.5
	6	s03	c03	96.0
*	NULL	NULL	NULL	NULL

图 1.30　“已填入成绩信息表”窗口

1.3.3　创建数据库登录名和密码

为了保证数据库的安全性，需要为数据库创建一个登录账号，通常每个数据库都有一个默认登录账号“sa”，该账号具有最高的管理权限，但是建议最好重新创建一个新账号，这样不容易让访客知道，能够使数据库更安全。创建数据库登录名和密码的过程如下。

（1）单击“对象资源管理器”中“安全性”文件包前面的“⊞”图标，在展开的列表中右键单击“登录名”文件包，从弹出的快捷菜单中选择“单击新建登录名”选项，进入“登录名-新建”对话框。添加登录名如“admin”，设定 SQL Server 身份验证密码，如“123456”，同时将“强制密码过期”前面的复选框去掉，其他选择默认即可，如图 1.31 所示。**特别强调**：一定是“对象资源管理器”中的“安全性”文件包，而不是数据库“studentDB”中的“安全性”文件包。

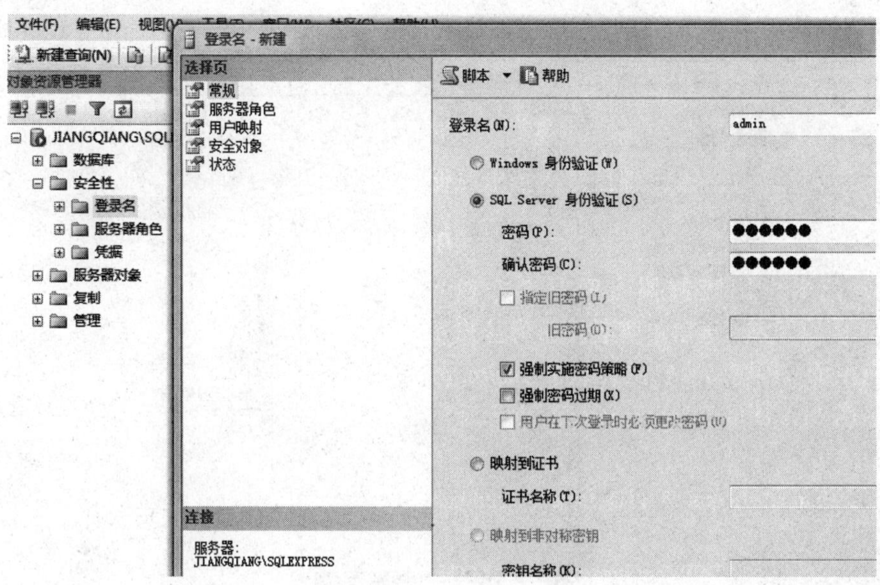

图 1.31　“登录名-新建”对话框

（2）单击“登录名-新建”对话框左侧的“用户映射”选项，在右侧的“映射到此登录名的用户”区域中，将数据库“studentDb”前面的复选框选中，同时在“数据库角色成员身份”区域中选中“db_datareader”、“db_datawriter”、“db_owner”、“public”4 个选项，其他选项默认，如图 1.32 所示。

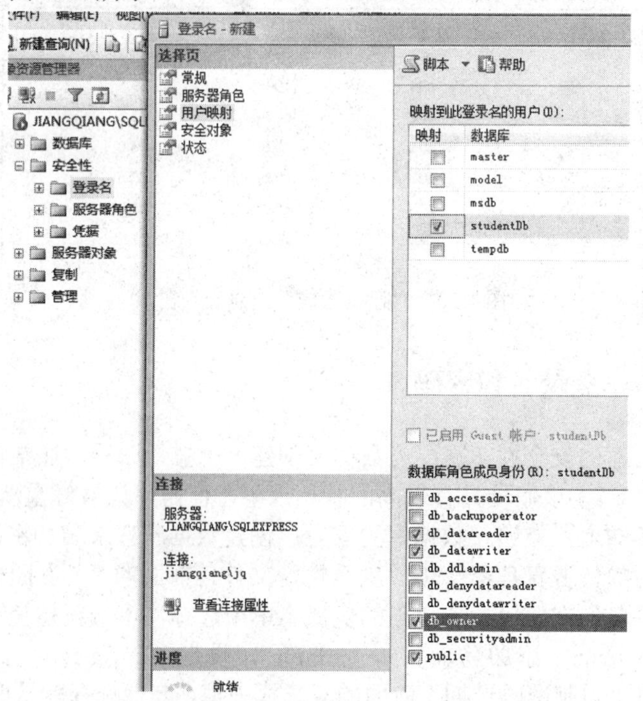

图 1.32 “用户映射”对话框

（3）单击“确定”按钮，回到“对象资源管理器”窗口，然后右键单击服务器图标“ ”，在弹出的快捷菜单中选择“属性”选项，进入“服务器属性”对话框，如图 1.33 所示。

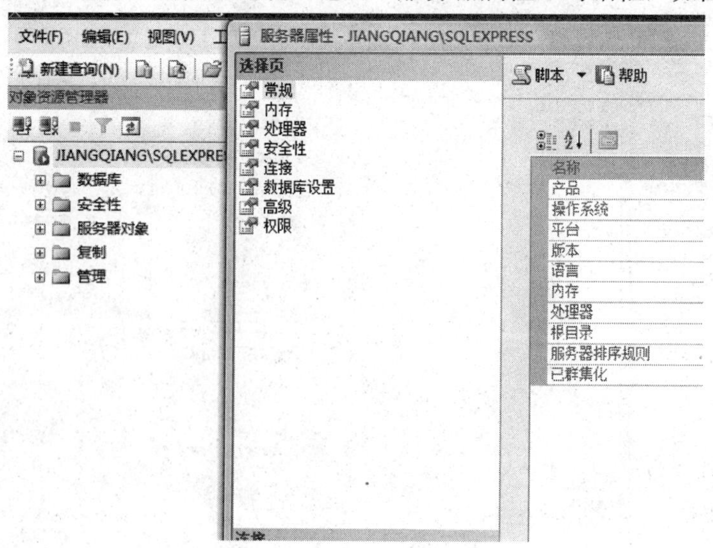

图 1.33 “服务器属性”对话框

（4）在“服务器属性”对话框中单击左侧的“安全性”选项，将“服务器身份验证”选为“SQL Server 和 Windows 身份验证模式”，其他选项默认，如图 1.34 所示。

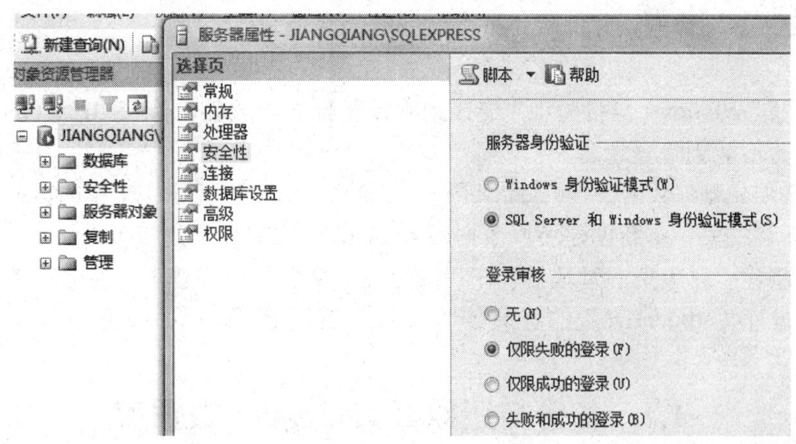

图 1.34　服务器属性中的“安全性”对话框

（5）单击“确定”按钮，右键单击服务器图标“ ”，从弹出的快捷菜单中选择“重新启动”选项，进入“重新启动 SQL Server 服务”对话框，如图 1.35 所示。

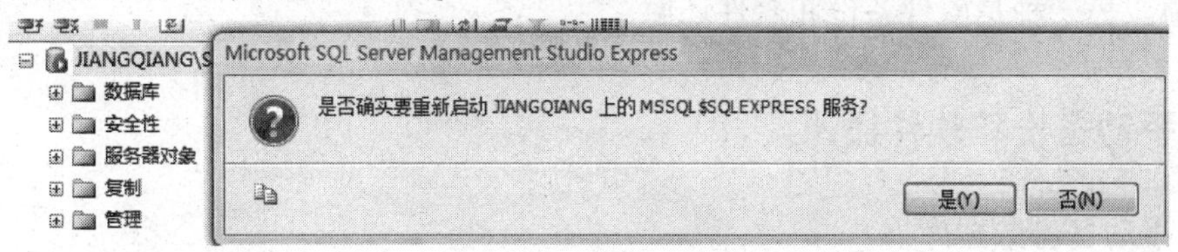

图 1.35　“重新启动 SQL Server 服务”对话框

（6）单击“是”按钮，然后单击“对象资源管理器”窗口上连接对象资源管理器图标“ ”，重新连接到服务器。值得注意的是，在“连接到服务器”对话框中的“身份验证”中要选择“SQL Server 身份验证”选项，然后输入登录名“admin”和密码“123456”，如图 1.36 所示。

图 1.36　“连接到服务器”对话框

(7)单击“连接”按钮,成功进入“数据库服务器管理”界面,宣告指定数据库“studentDb”的登录名和密码创建完成。

【举一反三】如何删除数据库“studentDb”的登录名?

提示:

首先,以“Windows 身份验证”连接到服务器删除登录名,以“SQL Server 身份验证”连接到服务器不能删除登录名。

其次,需要先删除数据库“studentDb”→“安全性”文件包→“用户”中的登录名“admin”,过程见 1.4.1 节中关于重新创建还原数据库 studentDb 后的登录名和密码知识。

最后,删除“对象资源管理器”→“安全性”文件包→“登录名”中的“admin”,至此,指定数据库“studentDb”的登录名“admin”就删除了。

1.4 备份与还原 SQL Server 数据库

数据库中存储了用户的有用数据,一旦数据丢失,造成的损失是不可估量的,因此做好数据库的备份就显得十分重要。通常数据库备份与还原有两种方法,一种是手动备份和软件还原,另一种是软件备份和软件还原。

1.4.1 手动备份和软件还原

1. 手动备份数据库

(1)首先停止 SQL Server 服务,即进入“控制面板”→“管理工具”,双击“服务”选项,进入“服务”窗口,在“名称”区域右键单击“SQL Server(SQLEXPRESS)”,从弹出的快捷菜单中选择“停止”选项,如图 1.37 所示。

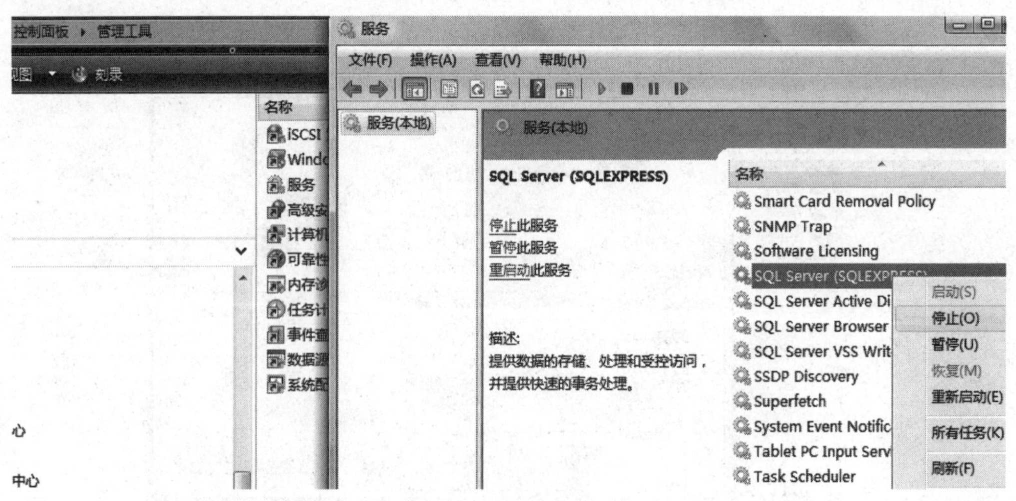

图 1.37 “服务”窗口

（2）进入 studentDb 数据库所在路径，如 C:\Program Files\Microsoft SQL Server\MSSQL.1\MSSQL\Data，然后将数据文件 studentDb.mdf 和日志文件 studentDb_log.ldf 同时复制，作为备份。

【友情提示】第一种备份方法的优、缺点：优点是方便、快；缺点是备份时数据库不能继续运行，容易出现数据丢失。

2．软件还原数据库

（1）以“Windows 身份验证”连接到服务器，在“对象资源管理器”窗口中，右键单击“数据库”文件包，从弹出的快捷菜单中选择“添加”选项，进入“附加数据库”对话框，如图 1.38 所示。

（2）单击“添加”按钮，选择备份的数据文件 studentDb.mdf，然后单击“确定”按钮，即可完成数据库的还原。

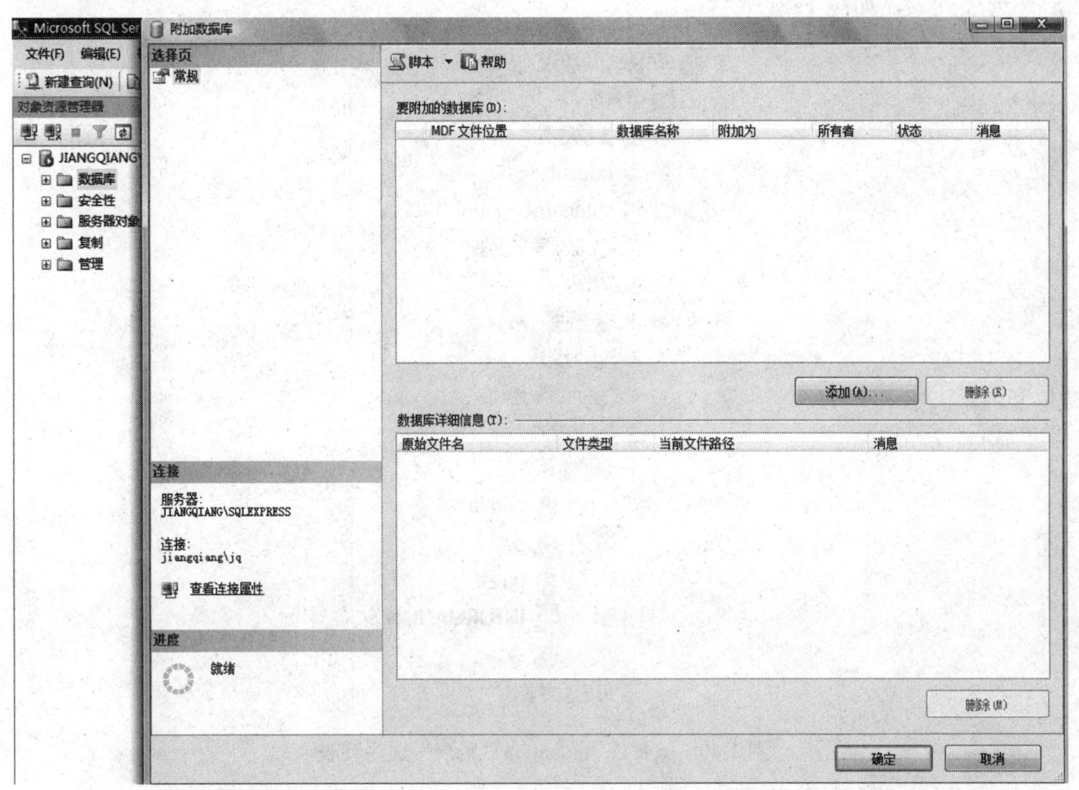

图 1.38　“附加数据库”对话框

【友情提示】重新创建还原数据库 studentDb 后的登录名和密码。

还原 studentDb 数据库后将只保留登录名，登录密码自动消失，所以有必要重新创建登录名和密码。但是，在创建之前，需要先将数据库 studentDb 中存在的登录名删除，然后才能重新创建登录名和密码，否则会出现“用户、组或角色 admin 在当前数据库已存在”的错误，如图 1.39 所示。

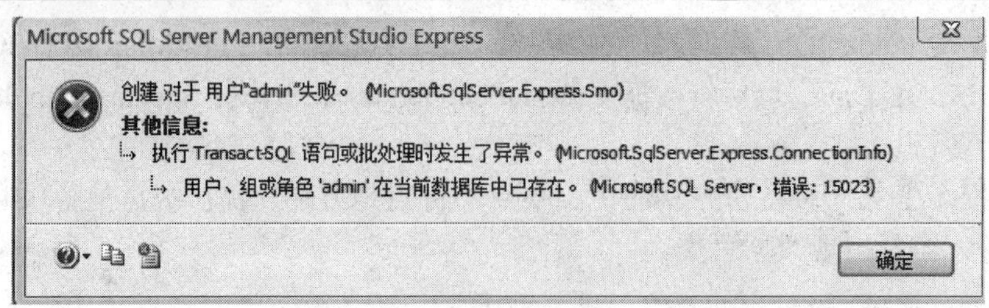

图 1.39　重新创建登录名时的错误提示

具体实现过程如下：

（1）首先，以“Windows 身份验证”连接到服务器，单击“数据库”→“studentDb”（还原后的数据库）→“安全性”（注意，此“安全性”文件包不是“对象资源管理器”中的文件包，而是数据库 studentDb 中的文件包）→“用户”选项，进入数据库 studentDb“用户”选项列表，如图 1.40 所示。

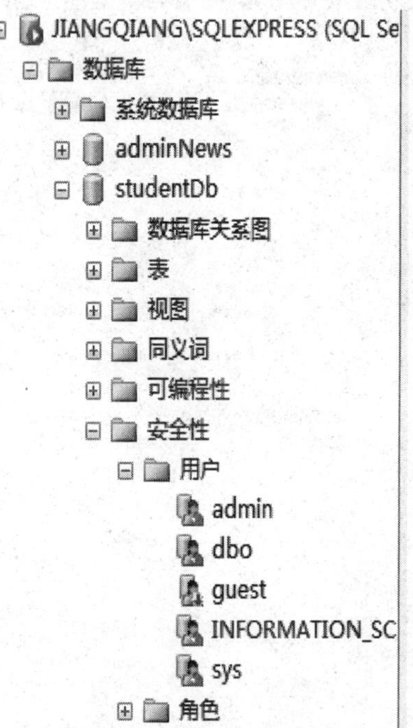

图 1.40　数据库 studentDb“用户”选项列表

（2）其次，用鼠标右键单击“admin”选项，在弹出的快捷菜单中选择“删除”选项，进入“删除对象”对话框，如图 1.41 所示。

（3）单击“确定”按钮后，便可在“对象资源管理器”→“安全性”→“登录名”中创建还原后的数据库的登录名和密码，创建过程见本章 1.3.3 节。

总之，只有重新为还原数据库创建登录名和密码，并成功连接，才算数据库真正还原成功。

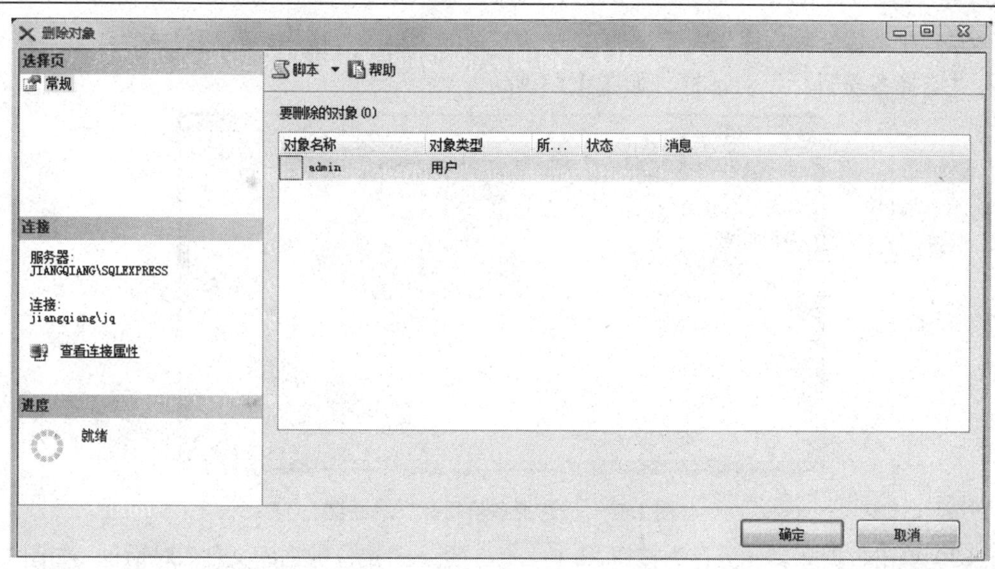

图 1.41　“删除对象”对话框

1.4.2　软件备份和软件还原

1．软件备份数据库

（1）以“Windows 身份验证”连接到服务器，右键单击“studentDb”数据库，从弹出的快捷菜单中选择“任务”中的“备份”选项，进入“备份数据库”对话框，如图 1.42 所示。

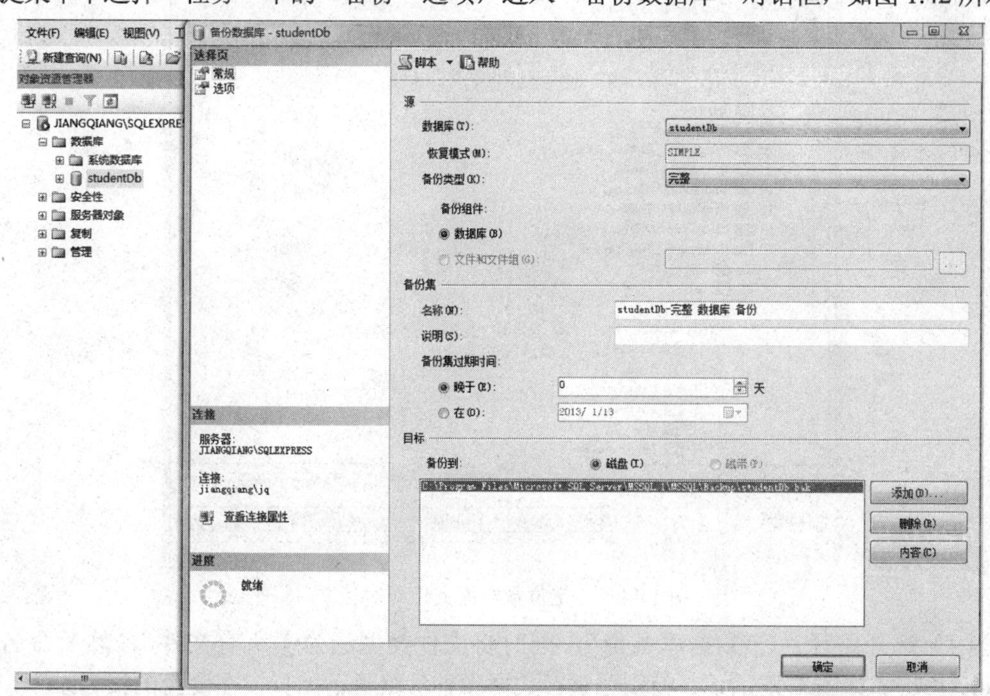

图 1.42　“备份数据库”对话框

（2）在“备份数据库”对话框中单击右下角的“删除”按钮，然后单击“添加”按钮，进入“选择备份目标”对话框，如图 1.43 所示。

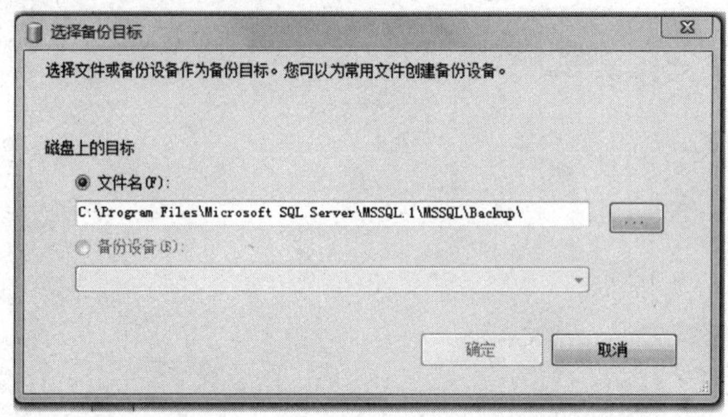

图 1.43 “选择备份目标”对话框

（3）单击数据库文件另存为按钮“...”，进入“定位数据库文件”对话框，如图 1.44 所示。

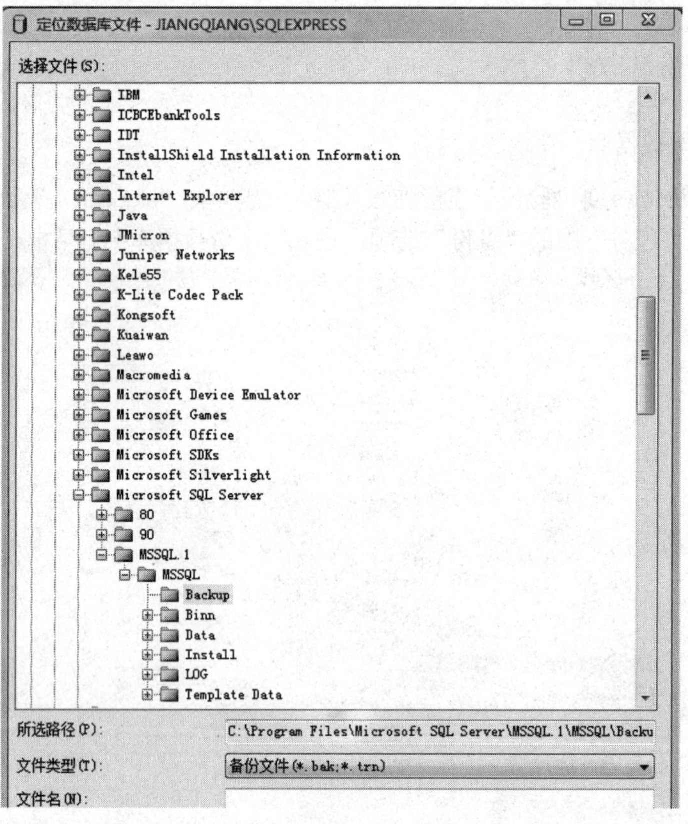

图 1.44 “定位数据库文件”对话框

（4）选择路径“C:\数据库备份”，同时将文件类型选为“所有文件”，然后命名为“studentDb”，如图 1.45 所示。**特别强调**：数据库备份路径不能直接在硬盘的根目录下，即不能是“C:\”的形式，否则会出现如图 1.46 所示的错误提示。

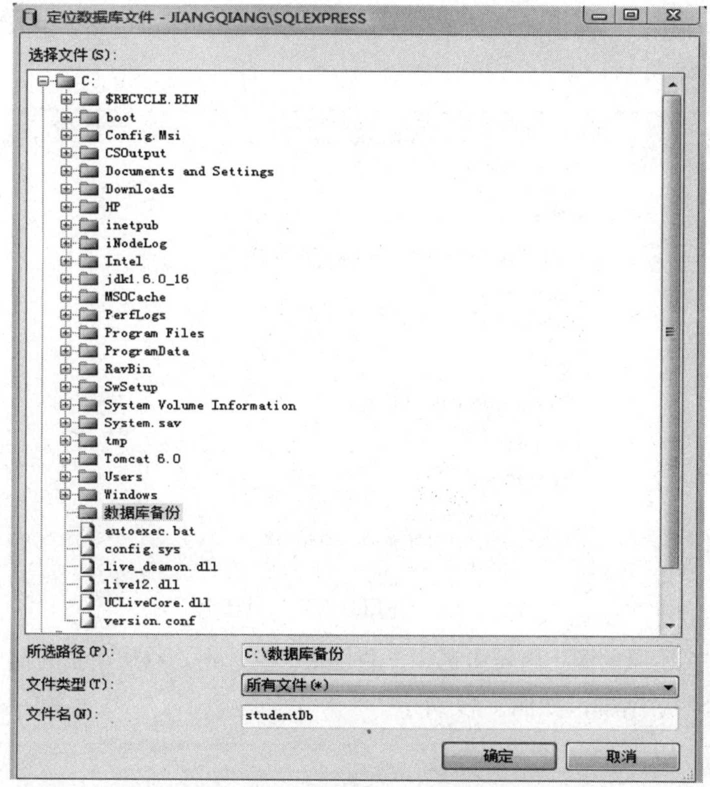

图 1.45　指定数据库文件备份路径、名称

图 1.46　备份错误提示

（5）单击“确定”按钮，即可完成数据库备份，如图 1.47 所示。

图 1.47　“数据库备份完成”对话框

【友情提示】第二种备份方法的优、缺点：优点是备份时数据库仍能继续运行，数据不容易丢失；缺点是备份过程复杂。

2．软件还原数据库

（1）以“Windows 身份验证”连接到服务器，在“对象资源管理器”窗口中，右键单击“数据库”文件包，在弹出的快捷菜单中选择“还原数据库”选项，进入“还原数据库”对话框，如图 1.48 所示。

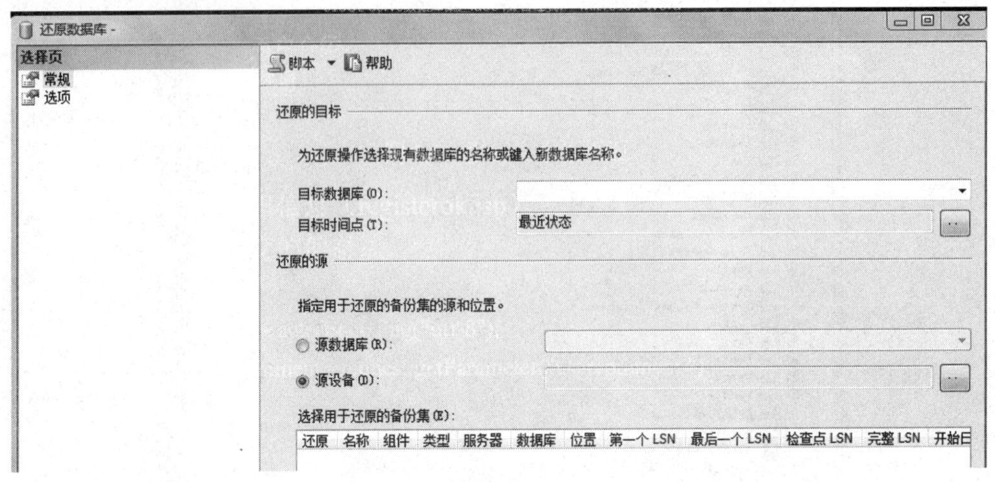

图 1.48 “还原数据库”对话框

（2）在右侧“还原的源”区域中选中“源设备”单选钮，然后单击右侧“...”按钮，进入“指定备份”对话框，如图 1.49 所示。

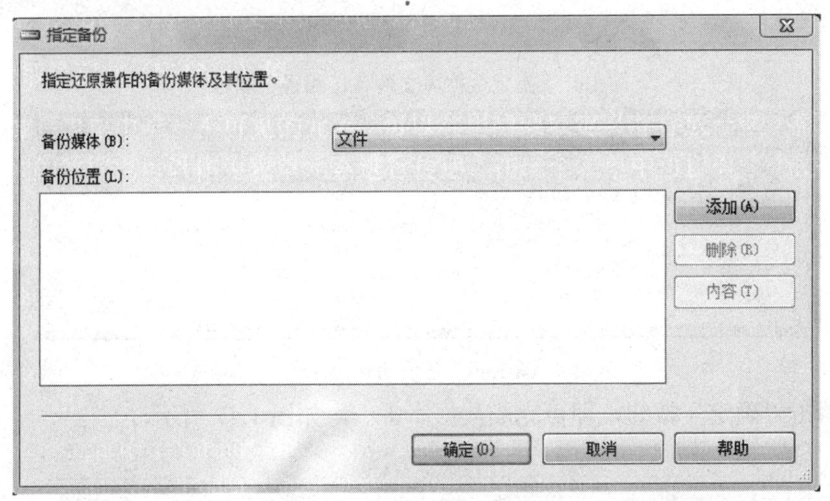

图 1.49 “指定备份”对话框

（3）单击“添加”按钮，进入“定位备份文件”对话框，选择路径“C:\数据库备份”，同时将文件类型选为“所有文件”，然后选择数据库备份文件“studentDb”，如图 1.50 所示。

（4）单击“确定”按钮，重新回到“还原数据库”对话框，然后将“选择用于还原的备份集”区域中要还原的数据库前面的复选框选中，同时在“还原的目标”区域“目标数据库”下拉菜单中选择“studentDb”，如图 1.51 所示。

（5）单击“确定”按钮，即可完成数据库还原。同理，通过此方法还原后的数据库 studentDb 也需要重新创建登录名和密码，创建过程见 1.4.1 节。

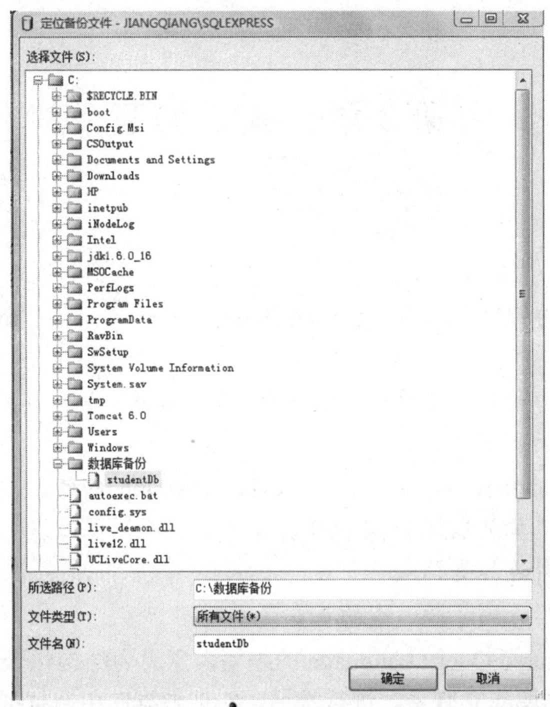

图 1.50　“定位备份文件”对话框

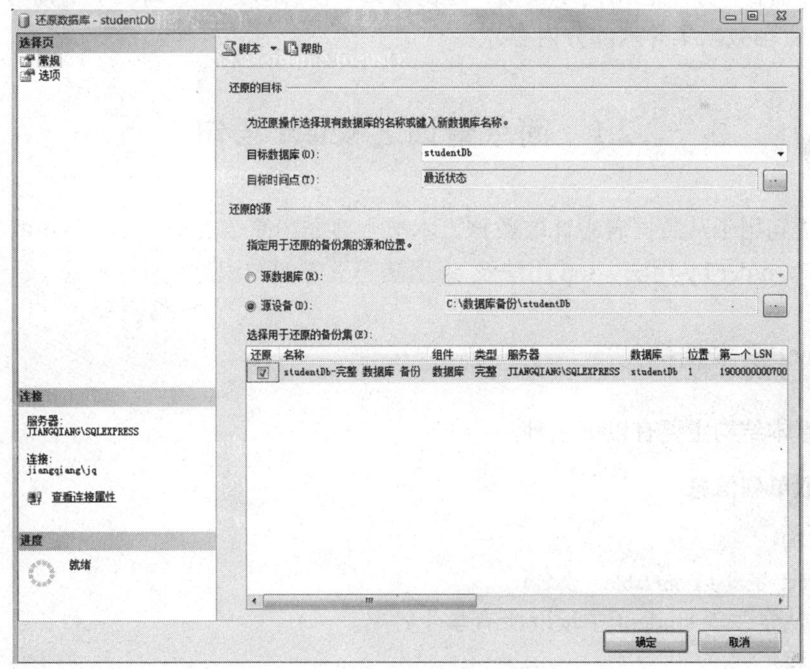

图 1.51　“还原数据库”对话框

【举一反三】如何删除数据库？

提示：以“Windows 身份验证”连接到服务器进行删除，以“SQL Server 身份验证”连接到服务器不能删除。

第 2 章　SQL 语言

【学习目标】

通过本章的学习，应能够：

- 掌握 select 查询的基本结构、distinct 用法、order by 用法、top 用法及 as 用法等五方面知识
- 掌握 where 语句的基本结构、比较查询、范围查询、集合查询、模糊查询及复合搜索查询等六方面知识
- 熟悉聚合函数 sum()、avg()、min()、max()和 count()的使用
- 掌握使用集合查询关键词 in 实现嵌套查询
- 了解内连接和外连接查询
- 掌握实现数据增、删、改、查的基本语法结构

SQL 是英文 Structured Query Language 的缩写，意思为结构化查询语言。SQL 语言的主要功能是同各种数据库建立联系，进行沟通，实现数据库中数据的增、删、改和查。本章介绍 SQL 语言，主要包括简单查询、过滤查询、汇总与分组查询、子查询与嵌套查询、连接查询及管理数据集等六部分内容。

2.1　简单查询之 select 语句

select 语句用于从数据表中读取数据。本节主要介绍简单查询 select 语句的基本结构、distinct 用法、order by 用法、top 用法及 as 用法等五方面知识。

2.1.1　select 基本结构

select 基本结构主要有以下三种。

1．读取单列信息

语法结构：

```
select 字段 1 from table（表名）
```

例如，从学生表 student 中读取所有学生姓名。

实现过程：

（1）在数据库 studentDb 中打开学生表 student，打开方法见 1.3.2 节。

（2）单击左上角显示 SQL 窗格图标“SQL”，在 SQL 窗格代码编辑区输入语句，如 select stuName from student，然后选中这段语句，单击左上角的执行图标“!”，结果显示如图 2.1 所示。

	stuName
▶	王一
	张悦
	刘伟
	李小白
	王婉
	李婷
*	NULL

图 2.1　显示所有学生姓名

2．读取多列信息

语法结构：

select 字段 1,字段 2,… from table。

特别注意：多个字段之间使用“,”隔开。

例如，从学生表 student 中读取所有学生学号和姓名。

实现过程：在 SQL 窗格代码编辑区输入语句，如 select stuNumber,stuName from student，然后选中这段语句，单击左上角的执行图标“!”，结果显示如图 2.2 所示。

stuNumber	stuName
s01	王一
s02	张悦
s03	刘伟
s04	李小白
s05	王婉
s06	李婷

图 2.2　显示所有学生学号和姓名

3．读取所有列信息

语法结构：

select * from table

例如，从学生表 student 中读取学生所有信息。

实现过程：在 SQL 窗格代码编辑区输入语句，如 select * from student，然后选中这段语句，单击左上角的执行图标“!”，结果显示如图 2.3 所示。

id	stuNumber	stuName	stuXb	stuAge	stuBirth
1	s01	王一	男	21	1993/6/8 0:00:00
2	s02	张悦	女	22	1992/5/12 0:00:00
3	s03	刘伟	男	20	1994/5/6 0:00:00
4	s04	李小白	男	19	1995/4/9 0:00:00
5	s05	王婉	女	18	1996/9/8 0:00:00
6	s06	李婷	女	23	1991/6/6 0:00:00
NULL	NULL	NULL	NULL	NULL	NULL

1　/6　单元格是只读的。

图 2.3　显示学生所有信息

【友情提示】“*”代表所有字段。

2.1.2　distinct 用法

distinct 关键词主要用来从 select 语句的结果集中去掉重复的记录，其语法结构有两种。

1．去掉某个列中的重复值

语法结构：

```
select distinct 列名 from table
```

例如，查询有成绩的学生学号。

分析：在成绩表 grade 中读取学号，便可知哪些学生有成绩，不过由于某个学生具有多门课程成绩，所以如果直接读取必然会同一个学号多次重复出现，造成信息冗余，所以可以采用 distinct 关键词去掉重复学号。

实现过程：在 SQL 窗格代码编辑区输入语句，如 select distinct stuNumber from grade，然后选中这段语句，单击左上角的执行图标“!”，结果显示如图 2.4 所示。

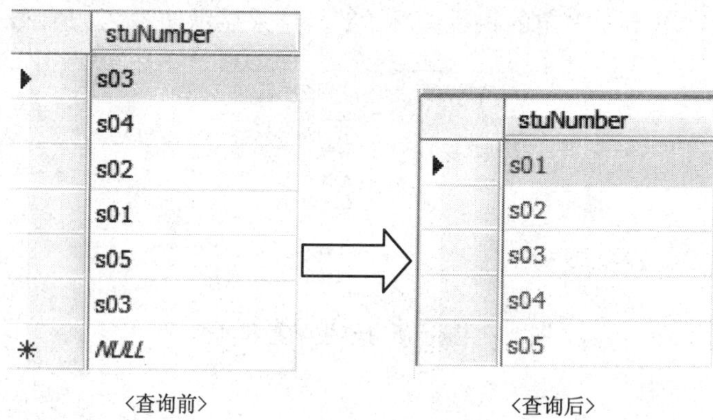

图 2.4　采用 distinct 关键词去掉重复值

2．去掉多列中的重复值

语法结构：

```
select distinct 列 1,列 2,… from table
```

注意：先筛选列 1，然后再对列 2 进行操作…，这种用法使用较少。

2.1.3　order by 用法

order by 语句用于根据指定的列对结果集进行排序，便于查看结果，其语法结构有三种。

1．实现按某列升序排序

语法结构：

```
select * from table order by 列 asc（默认可以不写）
```

例如，从学生表 student 中读取学生所有信息，且按年龄升序排序。

实现过程：在 SQL 窗格代码编辑区输入语句，如 select * from student order by stuAge asc，然后选中这段语句，单击左上角的执行图标“!”，结果显示如图 2.5 所示。

JIANGQIANG\SQLEX...tDb - dbo.student　摘要

id	stuNumber	stuName	stuXb	stuAge	stuBirth
1	s01	王一	男	21	1993/6/8 0:00:00
2	s02	张悦	女	22	1992/5/12 0:00:00
3	s03	刘伟	男	20	1994/5/6 0:00:00
4	s04	李小白	男	19	1995/4/9 0:00:00
5	s05	王婉	女	18	1996/9/8 0:00:00
6	s06	李婷	女	23	1991/6/6 0:00:00

<查询前>

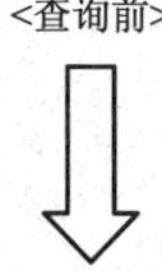

<查询后>

id	stuNumber	stuName	stuXb	stuAge	stuBirth
5	s05	王婉	女	18	1996/9/8 0:00:00
4	s04	李小白	男	19	1995/4/9 0:00:00
3	s03	刘伟	男	20	1994/5/6 0:00:00
1	s01	王一	男	21	1993/6/8 0:00:00
2	s02	张悦	女	22	1992/5/12 0:00:00
6	s06	李婷	女	23	1991/6/6 0:00:00

图 2.5　按年龄升序查询结果

2．实现按某列降序排序

语法结构：

```
select * from table order by 列 desc
```

例如，从学生表 student 中读取学生所有信息，且按学号降序排序。

实现过程：在 SQL 窗格代码编辑区输入语句，如 select * from student order by stuNumber desc，然后选中这段语句，单击左上角的执行图标“!”，结果显示如图 2.6 所示。

3．实现按多列混合排序

语法结构：

```
select * from table order by 列 1 asc（可以不写），列 2 desc（必须写）
```

例如，从学生表 student 中读取学生所有信息，且按学号升序、年龄降序排序。

实现过程：在 SQL 窗格代码编辑区输入语句，如 select * from student order by stuNumber,stuAge desc，然后选中这段语句，单击左上角的执行图标“!”，结果显示如图 2.7 所示。

JIANGQIANG\SQLEX...tDb - dbo.student 摘要

id	stuNumber	stuName	stuXb	stuAge	stuBirth
1	s01	王一	男	21	1993/6/8 0:00:00
2	s02	张悦	女	22	1992/5/12 0:00:00
3	s03	刘伟	男	20	1994/5/6 0:00:00
4	s04	李小白	男	19	1995/4/9 0:00:00
5	s05	王婉	女	18	1996/9/8 0:00:00
6	s06	李婷	女	23	1991/6/6 0:00:00

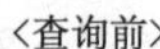
<查询前>

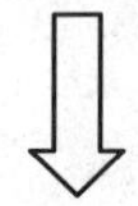

<查询后>

id	stuNumber	stuName	stuXb	stuAge	stuBirth
6	s06	李婷	女	23	1991/6/6 0:00:00
5	s05	王婉	女	18	1996/9/8 0:00:00
4	s04	李小白	男	19	1995/4/9 0:00:00
3	s03	刘伟	男	20	1994/5/6 0:00:00
2	s02	张悦	女	22	1992/5/12 0:00:00
1	s01	王一	男	21	1993/6/8 0:00:00

图 2.6　按学号降序查询结果

JIANGQIANG\SQLEX...tDb - dbo.student 摘要

id	stuNumber	stuName	stuXb	stuAge	stuBirth
1	s01	王一	男	21	1993/6/8 0:00:00
2	s02	张悦	女	22	1992/5/12 0:00:00
3	s03	刘伟	男	20	1994/5/6 0:00:00
4	s04	李小白	男	19	1995/4/9 0:00:00
5	s05	王婉	女	18	1996/9/8 0:00:00
6	s06	李婷	女	23	1991/6/6 0:00:00

<查询前>

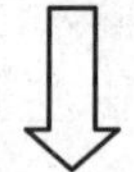

<查询后>

id	stuNumber	stuName	stuXb	stuAge	stuBirth
1	s01	王一	男	21	1993/6/8 0:00:00
2	s02	张悦	女	22	1992/5/12 0:00:00
3	s03	刘伟	男	20	1994/5/6 0:00:00
4	s04	李小白	男	19	1995/4/9 0:00:00
5	s05	王婉	女	18	1996/9/8 0:00:00
6	s06	李婷	女	23	1991/6/6 0:00:00

图 2.7　按学号升序、年龄降序查询结果

【友情提示】查询结果中出现按多列排序时，必须先按第一列进行排序，然后再进行第二列排序…

2.1.4　top 用法

使用 top 关键词可以限制查询结果显示的行数，其基本语法结构：

```
select top n * from table order by 列 asc/desc        //用于显示前 n 条信息
```

例如，读取学生表 student 中最新添加的前 2 名学生信息。

实现过程：在 SQL 窗格代码编辑区输入语句，如 select top 2 * from student order by id desc（注意，最新添加学生的 id 值最大），然后选中这段语句，单击左上角的执行图标“!”，结果显示如图 2.8 所示。

JIANGQIANG\SQLEX...tDb - dbo.student　摘要

id	stuNumber	stuName	stuXb	stuAge	stuBirth
1	s01	王一	男	21	1993/6/8 0:00:00
2	s02	张悦	女	22	1992/5/12 0:00:00
3	s03	刘伟	男	20	1994/5/6 0:00:00
4	s04	李小白	男	19	1995/4/9 0:00:00
5	s05	王婉	女	18	1996/9/8 0:00:00
6	s06	李婷	女	23	1991/6/6 0:00:00

〈查询前〉

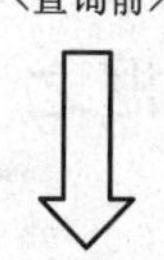

〈查询后〉

id	stuNumber	stuName	stuXb	stuAge	stuBirth
6	s06	李婷	女	23	1991/6/6 0:00:00
5	s05	王婉	女	18	1996/9/8 0:00:00

图 2.8　读取最新添加的前 2 名学生信息

【举一反三】读取成绩表 grade 中 3 个最高分信息。

提示：

```
select top 3 * from grade order by courseGrade desc
```

2.1.5　as 用法

as 关键词可以为查询结果的列指定任意别名，也可以为表名指定任意别名。其语法结构主要有两种。

1．为查询结果的列指定别名

语法结构：

```
select 列 as 别名 from table
```

例如，读取学生表 student 中的学号。

实现过程：在 SQL 窗格代码编辑区输入语句，如 select stuNumber as 学号 from student，然后选中这段语句，单击左上角的执行图标“!”，结果显示如图 2.9 所示。

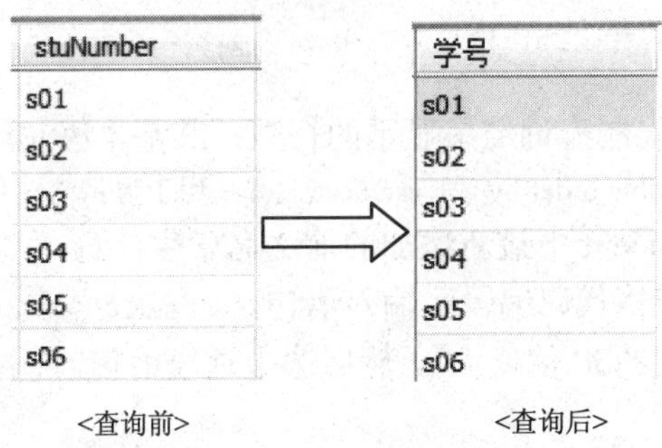

图 2.9　采用 as 关键词对列指定别名

2．为表名指定别名

语法结构：

```
select t.列 from table as t
```

通常在多表信息读取中，用于区分读取某列信息属于某表，如 select t1.stu_id,t2.stu_id from table1 as t1,table2 as t2。

2.2　过滤数据之 where 语句

利用 select 语句的确能够看到数据表中所包含的所有信息，但是如果想根据需要查到特定的人、特定日期范围等，则需要加上 where 语句进行筛选。本节主要介绍 where 语句的基本结构、比较查询、范围查询、集合查询、模糊查询及复合搜索查询等六方面知识。

2.2.1　where 语句基本结构

Where 语句用来选取需要检索的记录，最简单的语法结构是：

```
select <字段列表> from table where <条件表达式>
```

2.2.2　比较查询

比较查询条件是由比较运算符连接表达式组成的，常见的比较运算符有： =（等于）、>（大于）、<（小于）、>=（大等于）、<=（小等于）、!>（不大于）、!<（不小于）、<>或!=（不等于）。

1．“>”号应用

例如，在 grade 表中，查询成绩大于 90 分的信息。

实现过程：在 SQL 窗格代码编辑区输入语句，如 select * from grade where courseGrade > 90，然后选中这段语句，单击左上角的执行图标“!”，结果显示如图 2.10 所示。

JIANGQIANG\SQLEX...entDb - dbo.grade 摘要

id	stuNumber	courseNumber	courseGrade
1	s03	c03	88.5
2	s04	c04	89.5
3	s02	c02	92.5
4	s01	c01	93.0
5	s05	c02	83.5
6	s03	c03	96.0

〈查询前〉

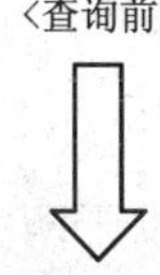

<查询后>

id	stuNumber	courseNumber	courseGrade
3	s02	c02	92.5
4	s01	c01	93.0
6	s03	c03	96.0

图 2.10　成绩大于 90 分的结果信息

2．“=”号应用

例如，在课程表 course 中，查询课程类型是“计算机”的课程信息。

实现过程：在 SQL 窗格代码编辑区输入语句，如 select * from course where courseType= '计算机'（注意，计算机使用单引号括起来，而不是双引号），然后选中这段语句，单击左上角的执行图标“!”，结果显示如图 2.11 所示。

IANGQIANG\SQLEX...tDb - dbo.course 摘要

id	courseNumber	courseName	courseType
3	c01	C语言	计算机
4	c02	SQL Server	计算机
5	c03	数据结构	计算机
6	c04	影视欣赏	艺术类
7	c05	非线编技术	广播电视编导
8	c06	信息技术教育	教育技术学

〈查询前〉

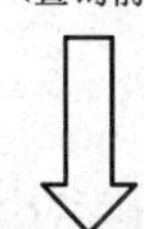

<查询后>

id	courseNumber	courseName	courseType
3	c01	C语言	计算机
4	c02	SQL Server	计算机
5	c03	数据结构	计算机

图 2.11　课程类型是“计算机”的课程信息

【友情提示】上述实例中，…where courseGrade > 90，其中 90 之所以不加引号，是因为 courseGrade 为数字型；而…where courseType='计算机'，其中计算机加上了单引号（注意，不能是双引号），是因为 courseType 是字符串类型。

【举一反三】在学生表 student 中，查询年龄不小于 20 的所有学生信息。

提示：

```
select * from student where stuAge!<20
```

或

```
select * from student where stuAge >=20
```

2.2.3 范围查询

如果需要确定返回某一个数据值是否位于两个给定的值之间，则可以使用范围条件查询，通常使用 between…and…来指定范围条件。

例如，在学生表 student 中，查询年龄在 20 与 22 之间的学生信息。

实现过程：在 SQL 窗格代码编辑区输入语句，如 select * from student where stuAge between 20 and 22，然后选中这段语句，单击左上角的执行图标“!”，结果显示如图 2.12 所示。

id	stuNumber	stuName	stuXb	stuAge	stuBirth
1	s01	王一	男	21	1993/6/8 0:00:00
2	s02	张悦	女	22	1992/5/12 0:00:00
3	s03	刘伟	男	20	1994/5/6 0:00:00
4	s04	李小白	男	19	1995/4/9 0:00:00
5	s05	王婉	女	18	1996/9/8 0:00:00
6	s06	李婷	女	23	1991/6/6 0:00:00

<查询前>

<查询后>

id	stuNumber	stuName	stuXb	stuAge	stuBirth
1	s01	王一	男	21	1993/6/8 0:00:00
2	s02	张悦	女	22	1992/5/12 0:00:00
3	s03	刘伟	男	20	1994/5/6 0:00:00

图 2.12　年龄在 20 与 22 之间的学生信息

【举一反三】使用两种方法查询年龄不在 20 与 22 之间的学生信息。

提示：

```
…stuAge<20 or stuAge<22
```

和

```
…not between 20 and 22
```

2.2.4　集合查询

当测试一个数据值是否匹配一组目标值中的一个时，通常使用 in 关键词来指定符合集合中的某些值。关键词 in 的格式是：

```
select * from table where  字段 in(目标值 1,目标值 2,…)
```

目标值的项目之间必须使用**逗号**分隔，并且括在括号中。

例如，在学生表 student 中，查询学号是 s01、s03、s05 的学生信息。

实现过程：在 SQL 窗格代码编辑区输入语句，如 select * from student where stuNumber in('s01', 's03', 's05')，然后选中这段语句，单击左上角的执行图标"!"，结果显示如图 2.13 所示。

id	stuNumber	stuName	stuXb	stuAge	stuBirth
1	s01	王一	男	21	1993/6/8 0:00:00
3	s03	刘伟	男	20	1994/5/6 0:00:00
5	s05	王婉	女	18	1996/9/8 0:00:00

图 2.13　学号是 s01、s03、s05 的学生信息

【举一反三】在 course 表中，查询课程编号不是 c01、c02 和 c04 的课程信息。

提示：

```
…stuNumber not in('s01','s03','s05')
```

2.2.5　模糊查询

模糊查询通常使用 like 关键词指定模糊查询条件，且 like 查询条件需要使用"%"通配符在字符串内查找指定的模糊值。注意，"%"通配符能匹配 0 个或更多个字符的任意长度字符串。

例如，在学生表 student 中，查询姓李的学生信息。

实现过程：在 SQL 窗格代码编辑区输入语句，如 select * from student where stuName like '李%'，然后选中这段语句，单击左上角的执行图标"!"，结果显示如图 2.14 所示。

id	stuNumber	stuName	stuXb	stuAge	stuBirth
4	s04	李小白	男	19	1995/4/9 0:00:00
6	s06	李婷	女	23	1991/6/6 0:00:00

图 2.14　姓李的学生信息

【友情提示】理解模糊查询和精确查询。

（1）模糊查询：主要使用 like 关键词与通配符（%）实现模糊查询。

（2）精确查询：使用"="号实现精确查询。

【举一反三】在学生表 student 中，查询名字含"李"字的学生信息。

提示：

…stuName like '%李%'

2.2.6 复合搜索查询

如果想把前面讲过的几个单一条件组合成一个复杂条件，则需要使用逻辑运算符 and、or 和 not。使用逻辑运算符时，遵循的指导原则如下所述。

（1）使用 and 返回满足所有条件的行；

（2）使用 or 返回满足任一条件的行；

（3）使用 not 返回不满足表达式的行。

三者执行优先级别为 not 优先级最高，and 次之，or 的优先级最低。

1．or 用法

例如，在学生表 student 中，查询学号是 s01 或是 s03 的学生信息。

实现过程：在 SQL 窗格代码编辑区输入语句，如 select * from student where stuNumber='s01' or stuNumber='s03'，然后选中这段语句，单击左上角的执行图标“!”，结果显示如图 2.15 所示。

id	stuNumber	stuName	stuXb	stuAge	stuBirth
1	s01	王一	男	21	1993/6/8 0:00:00
3	s03	刘伟	男	20	1994/5/6 0:00:00

图 2.15　学号是 s01 或是 s03 的学生信息

2．and 用法

例如，在学生表 student 中，查询性别是女且年龄大于 21 的学生信息。

实现过程：在 SQL 窗格代码编辑区输入语句，如 select * from student where stuXb='女' and stuAge>21，然后选中这段语句，单击左上角的执行图标“!”，结果显示如图 2.16 所示。

id	stuNumber	stuName	stuXb	stuAge	stuBirth
2	s02	张悦	女	22	1992/5/12 0:00:00
6	s06	李婷	女	23	1991/6/6 0:00:00

图 2.16　性别是女且年龄大于 21 的学生信息

2.3 汇总与分组数据

本节将重点介绍聚合函数的使用，同时简要讲述关于分组数据的知识。

2.3.1 使用聚合函数进行汇总

SQL 提供一组聚合函数，能够对整个数据集合进行计算，如求成绩表中的总成绩、学生表中的平均年龄等。

常见的聚合函数如下：

- sum()，支持数字类型字段，作用是对指定列的所有非空值求和。
- avg()，支持数字类型字段，作用是对指定列的所有非空值求平均值。
- min()，支持数字、字符、日期，作用是返回指定列的最小数字、最小的字符串和最小的日期时间。
- max()，支持数字、字符、日期，作用是返回指定列的最大数字、最大的字符串和最大的日期时间。
- count()，任意基于行的数据类型，作用是统计结果集中全部记录行的数量。

1．sum()函数和 avg()函数

两个函数都是对数字型列进行计算，只不过 sum()是对列求和，而 avg()是对列求平均值。

例如，在学生表 student 中，求学生的总年龄。

实现过程：在 SQL 窗格代码编辑区输入语句，如 select sum(stuAge) from student，然后选中这段语句，单击左上角的执行图标“!”，结果显示值为 123。

【举一反三】在学生表 student 中，求学生的平均年龄。

提示：

```
…avg(stuAge)…
```

2．min()函数和 max()函数

min()和 max()分别查询列中的最小值和最大值。

例如，在学生表 student 中，查询年龄最小值。

实现过程：在 SQL 窗格代码编辑区输入语句，如 select min(stuAge) from student，然后选中这段语句，单击左上角的执行图标“!”，结果显示值为 18。

【举一反三】在学生表 student 中，查询年龄最大值。

提示：

```
…max(stuAge)…
```

3．count()函数

用于对列中数据值的数目进行计算，得出满足条件的行数。

例如，查询学生表 student 中女生的数量。

实现过程：在 SQL 窗格代码编辑区输入语句，如 select count(*) from student where stuXb='女'，然后选中这段语句，单击左上角的执行图标“!”，结果显示值为 3。

【友情提示】sum()和 count()的区别。

sum()是求和，而 count()是统计行数量。

2.3.2　使用 group by 实现数据分组

使用 group by 可以实现数据分组操作，主要有三种用法。

1．对单列进行分组

例如，将学生表 student 按性别进行分组。

实现过程：在 SQL 窗格代码编辑区输入语句，如 select stuXb from student group by stuXb，然后选中这段语句，单击左上角的执行图标“!”，结果显示如图 2.17 所示。

【友情提示】select 语句的列名必须与 group by 语句后的列名一致，如 select stuXb from student group by stuXb，前后都有列 stuXb。但是下列写法就是错误的，select * from student group by stuXb，只有后面有列 stuXb，而前面的 select 语句中没有。

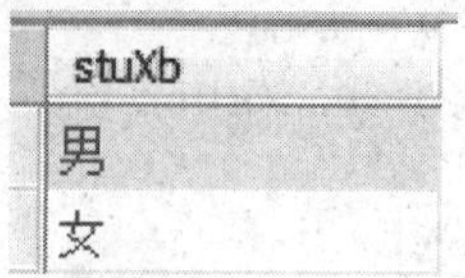

图 2.17　按性别进行分组

2．与聚合函数一起使用

需要注意的是，select 语句中非聚合表达式内的所有列都要包括在 group by 列表中。

例如，在学生表 student 中，分别查询男、女生的平均年龄。

实现过程：在 SQL 窗格代码编辑区输入语句，如 select stuXb,avg(stuAge) from student group by stuXb，然后选中这段语句，单击左上角的执行图标“!”，结果显示如图 2.18 所示。

stuXb	Expr1
男	20
女	21

图 2.18　男、女生的平均年龄信息

【友情提示】select 语句中 stuXb 是非聚合表达式，所以必须在 group by 中出现，如…group by stuXb；而 stuAge 则是出现在聚合表达式中，所以在 group by 中不出现。

3．与 having 语句一起使用

having 语句对 group by 语句选择出来的结果进行再次筛选，最后输出符合 having 语句中的条件的记录。

例如，在学生表 student 中，按性别分组求平均年龄，并且查询其平均年龄大于 19 的信息。

实现过程：在 SQL 窗格代码编辑区输入语句，如 select stuXb,avg(stuAge) from student group by stuXb having avg(stuAge)>19，然后选中这段语句，单击左上角的执行图标“!”，结果显示如图 2.19 所示。

stuXb	Expr1
男	20
女	21

图 2.19　按性别分组求平均年龄且值大于 19 的信息

【友情提示】比较 having 和 where 语句。

- 相似之处：都是筛选结果集。
- 不同之处：①where 从原表中筛选，而 having 从已分组（group by）中筛选；②where 条件中不能使用聚合函数，而 having 可以使用。

2.4　子查询与嵌套查询

本节主要讲述子查询的概念，重点介绍使用集合查询关键词 in 实现嵌套查询。

2.4.1　子查询

子查询是指 select 语句内的另外一条 select 语句，通常情况下子查询作为嵌套查询内层查询的一个检索条件使用。

2.4.2　嵌套查询

嵌套查询是指一个外层查询中包含另一个内层查询（子查询），通常这个内层查询呈现在 where 语句中，使用集合查询关键词 in 实现嵌套查询。

例如，在 student 表和 grade 表中，查询参加考试的学生的所有信息。

实现过程：在 SQL 窗格代码编辑区输入语句，如 select * from student where stuNumber in(select distinct stuNumber from grade)，然后选中这段语句，单击左上角的执行图标“!”，结果显示如图 2.20 所示。

id	stuNumber	stuName	stuXb	stuAge	stuBirth
1	s01	王一	男	21	1993/6/8 0:00:00
2	s02	张悦	女	22	1992/5/12 0:00:00
3	s03	刘伟	男	20	1994/5/6 0:00:00
4	s04	李小白	男	19	1995/4/9 0:00:00
5	s05	王婉	女	18	1996/9/8 0:00:00

图 2.20　带 in 的嵌套查询

【友情提示】在子查询中加上 distinct，目的是为了去掉重复的 stuNumber。

【举一反三】在 course 表和 grade 表中，查询没有考试的课程信息。

提示：

```
…courseNumber not in(select distinct courseNumber from grade)
```

2.5　连接查询

连接查询主要包括内连接和外连接，用于构建从多个表中获取数据的查询。

2.5.1 内连接

内连接查询操作列出与连接条件匹配的数据行，即利用内连接可获取两表的公共部分的记录。可以形象比喻为，假设一群男女在教堂，有夫妇、有单身，假设男人为左表，女人为右表，教父说“结了婚的人请出去，结了婚的人请手拉手”，于是结了婚的男女手拉手出去了，这就是内连接（join on），即男女是夫妻的出去。其基本语法结构：

```
select * from table1 join table2 on <条件表达式>
```

例如，查询学生表student中参加考试的学生信息。注意，不采用带in的嵌套查询。

实现过程：在SQL窗格代码编辑区输入语句，如select * from student join grade on student.stuNumber=grade.stuNumber，然后选中这段语句，单击左上角的执行图标“!”，结果显示如图2.21所示。

	id	stuNumber	stuName	stuXb	stuAge	stuBirth	id	stuNumber	courseNumber	courseGrade
1	1	s01	王一	男	21	1993-06-08 00:00:00.000	4	s01	c01	93.0
2	2	s02	张悦	女	22	1992-05-12 00:00:00.000	3	s02	c02	92.5
3	3	s03	刘伟	男	20	1994-05-06 00:00:00.000	1	s03	c03	88.5
4	3	s03	刘伟	男	20	1994-05-06 00:00:00.000	6	s03	c03	96.0
5	4	s04	李小白	男	19	1995-04-09 00:00:00.000	2	s04	c04	89.5
6	5	s05	王婉	女	18	1996-09-08 00:00:00.000	5	s05	c02	83.5

图2.21 内连接信息结果

2.5.2 外连接

外连接，返回到查询结果集合中的不仅包含符合连接条件的行，而且还包括左表（左连接）、右表（右连接）的所有数据行。

1．left join（左连接）

返回包括左表中的所有记录和右表中连接字段相等的记录。

可以形象比喻为，教父说：“男人并且和这些男人结婚的女人请出去，结了婚的人请手拉手”，于是结了婚的夫妇手拉手出去，单身的男人也出去了。这就是左连接（left join on）。即男人必须出去，同时与此男是夫妻的女人也要出去。

2．right join（右连接）

返回包括右表中的所有记录和左表中连接字段相等的记录。

可以形象比喻为，教父说：“女人并且和这些女人结婚的男人请出去，结了婚的人请手拉手”，于是结了婚的夫妇手拉手出去，单身的女人也出去了。这就是右连接（right join on）。即女人必须出去，同时与此女是夫妻的男人也要出去。

【举一反三】查询学生表student中的所有学生信息，同时读出考生的考试信息。

提示：

```
…student left join grade on student.stuNumber=grade.stuNumber
```

2.6　管理数据集

无论一个项目有多大、多复杂，其最根本的开发机制就是完成对数据的管理，即增、删、改和查等。本书将会结合 JSP 动态网站开发技术深入探讨对数据维护的增、删、改、查四大功能，后面章节将结合实例进行详细阐述。本节主要介绍实现数据增、删、改、查的基本语法结构。

2.6.1　增

完成数据的添加，使用 insert 关键词，语法结构是：

```
insert into table(字段 1,字段 2,…) values(值 1,值 2,…)
```

【友情提示】添加的值类型必须与字段数据类型一致。

例如，在学生表 student 中，添加一行数据，学号为“s07”、姓名为“王月”、性别为“男”、年龄为 24，出生年月为“1988/5/8”。

实现过程：在 SQL 窗格代码编辑区输入语句，如 insert into student(stuNumber,stuName,stuXb,stuAge,stuBirth) values('s07', '王月', '男',24, '1988-05-08')，然后选中这段语句，单击左上角的执行图标“!”，弹出“1 行被上次查询影响”对话框（注意，因为只添加一行数据，所以显示 1 行…），单击“确定”按钮，重新打开学生表 student，结果显示如图 2.22 所示。

id	stuNumber	stuName	stuXb	stuAge	stuBirth
1	s01	王一	男	21	1993/6/8 0:00:00
2	s02	张悦	女	22	1992/5/12 0:00:00
3	s03	刘伟	男	20	1994/5/6 0:00:00
4	s04	李小白	男	19	1995/4/9 0:00:00
5	s05	王婉	女	18	1996/9/8 0:00:00
6	s06	李婷	女	23	1991/6/6 0:00:00

<增加前>

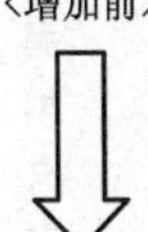

<增加后>

id	stuNumber	stuName	stuXb	stuAge	stuBirth
1	s01	王一	男	21	1993/6/8 0:00:00
2	s02	张悦	女	22	1992/5/12 0:00:00
3	s03	刘伟	男	20	1994/5/6 0:00:00
4	s04	李小白	男	19	1995/4/9 0:00:00
5	s05	王婉	女	18	1996/9/8 0:00:00
6	s06	李婷	女	23	1991/6/6 0:00:00
7	s07	王月	男	24	1988/5/8 0:00:00

图 2.22　增加学号为“s07”的学生信息

2.6.2 删

实现对指定数据的删除，使用delete和where实现，使用where语句的目的是让程序知道具体要删除哪条或哪些数据。**特别注意：**删除信息时需要依据能代表唯一值的主键（如id、stuNumber等）进行判断。基本语法结构主要有以下三种。

1．删除单个数据

语法结构：

```
delete from table where 主键字段='值'
```

例如，将学号为“s07”的学生信息删除。

实现过程：在SQL窗格代码编辑区输入语句，如delete from student where stuNumber='s07'，然后选中这段语句，单击左上角的执行图标“!”，弹出“1行被上次查询影响”对话框，单击“确定”按钮，重新打开学生表student，即可看到学号为“s07”的学生信息行已被删除，如图2.23所示。

id	stuNumber	stuName	stuXb	stuAge	stuBirth
1	s01	王一	男	21	1993/6/8 0:00:00
2	s02	张悦	女	22	1992/5/12 0:00:00
3	s03	刘伟	男	20	1994/5/6 0:00:00
4	s04	李小白	男	19	1995/4/9 0:00:00
5	s05	王婉	女	18	1996/9/8 0:00:00
6	s06	李婷	女	23	1991/6/6 0:00:00
7	s07	王月	男	24	1988/5/8 0:00:00

<删除前>

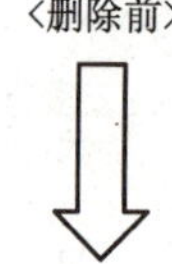

<删除后>

id	stuNumber	stuName	stuXb	stuAge	stuBirth
1	s01	王一	男	21	1993/6/8 0:00:00
2	s02	张悦	女	22	1992/5/12 0:00:00
3	s03	刘伟	男	20	1994/5/6 0:00:00
4	s04	李小白	男	19	1995/4/9 0:00:00
5	s05	王婉	女	18	1996/9/8 0:00:00
6	s06	李婷	女	23	1991/6/6 0:00:00

图2.23　删除学号为“s07”的学生信息

2．删除多个数据

语法结构：

```
delet e from table where 主键字段 in（值1,值2,…）
```

例如，将学号为“s02”、“s05”的学生信息删除。

实现过程：在SQL窗格代码编辑区输入语句，如delete from student where stuNumber in('s02', 's05')，然后选中这段语句，单击左上角的执行图标“!”，弹出“2行被上次查询影响”对话框（注意，因要删除两行数据，所以显示 2 行…），单击“确定”按钮，重新打开学生表 student，即可看到学号为“s02”、“s05”的学生信息行已被删除，如图 2.24 所示。

id	stuNumber	stuName	stuXb	stuAge	stuBirth
1	s01	王一	男	21	1993/6/8 0:00:00
2	s02	张悦	女	22	1992/5/12 0:00:00
3	s03	刘伟	男	20	1994/5/6 0:00:00
4	s04	李小白	男	19	1995/4/9 0:00:00
5	s05	王婉	女	18	1996/9/8 0:00:00
6	s06	李婷	女	23	1991/6/6 0:00:00

<删除前>

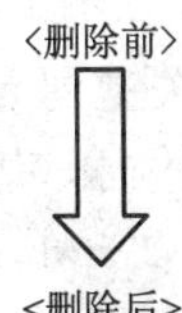

<删除后>

id	stuNumber	stuName	stuXb	stuAge	stuBirth
1	s01	王一	男	21	1993/6/8 0:00:00
3	s03	刘伟	男	20	1994/5/6 0:00:00
4	s04	李小白	男	19	1995/4/9 0:00:00
6	s06	李婷	女	23	1991/6/6 0:00:00

图 2.24　删除学号为“s02”、“s05”的学生信息

3．删除所有数据

语法结构：

```
delete from table
```

例如，将学生表 student 中所有的学生信息删除。

实现过程：在 SQL 窗格代码编辑区输入语句，如 delete from student，然后选中这段语句，单击左上角的执行图标“!”，弹出“4 行被上次查询影响”对话框（注意，数据表中剩余 4 条信息都被删掉，所以显示 4 行…），单击“确定”按钮，重新打开学生表 student，即可看到所有学生信息行已被删除，如图 2.25 所示。

id	stuNumber	stuName	stuXb	stuAge	stuBirth
1	s01	王一	男	21	1993/6/8 0:00:00
3	s03	刘伟	男	20	1994/5/6 0:00:00
4	s04	李小白	男	19	1995/4/9 0:00:00
6	s06	李婷	女	23	1991/6/6 0:00:00

<删除前>

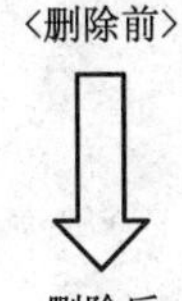

<删除后>

id	stuNumber	stuName	stuXb	stuAge	stuBirth
NULL	NULL	NULL	NULL	NULL	NULL

图 2.25　删除所有学生信息

【友情提示】两个值得注意的问题：

- where 后面跟的删除判断条件必须是能代表唯一值字段判断的（如主键 id、stuNumber），否则容易出现错误。例如，后面这种写法就是错误的，delete…where stuName='王月'，因为名字是“王月”的人可能有多个，那么程序就会将所有叫“王月”的人删除，容易出现误删。
- delete 后面不能跟 *。

2.6.3 改

完成对指定的已有数据的修改，使用关键词 update、set 和 where。这里加上 where 语句的目的就是让程序明确要修改的是哪条数据。基本语法是：

```
update table set 字段 1='值 1',字段 2='值 2'…where 主键字段='值'
```

例如，将学号为“s07”的学生性别修改为“女”。

实现过程：在 SQL 窗格代码编辑区输入语句，如 update student set stuXb='女' where stuNumber='s07'，然后选中这段语句，单击左上角的执行图标“!”，弹出“1 行被上次查询影响”对话框，单击“确定”按钮，重新打开学生表 student，即可看到学号为“s07”的学生性别变为“女”，如图 2.26 所示。

id	stuNumber	stuName	stuXb	stuAge	stuBirth
1	s01	王一	男	21	1993/6/8 0:00:00
2	s02	张悦	女	22	1992/5/12 0:00:00
3	s03	刘伟	男	20	1994/5/6 0:00:00
4	s04	李小白	男	19	1995/4/9 0:00:00
5	s05	王婉	女	18	1996/9/8 0:00:00
6	s06	李婷	女	23	1991/6/6 0:00:00
7	s07	王月	男	24	1988/5/8 0:00:00

<修改前>

<修改后>

id	stuNumber	stuName	stuXb	stuAge	stuBirth
1	s01	王一	男	21	1993/6/8 0:00:00
2	s02	张悦	女	22	1992/5/12 0:00:00
3	s03	刘伟	男	20	1994/5/6 0:00:00
4	s04	李小白	男	19	1995/4/9 0:00:00
5	s05	王婉	女	18	1996/9/8 0:00:00
6	s06	李婷	女	23	1991/6/6 0:00:00
7	s07	王月	女	24	1988/5/8 0:00:00

图 2.26　修改学号为“s07”的学生性别

【友情提示】跟删除一样，修改后面的 where 语句指向的主键字段值必须是唯一的，不重复，否则程序就不知道应更新哪条数据了。例如，如果 where 语句后跟的是 stuName=

'王月'，是肯定不可以的，因为很容易出现重名，所以不能使用姓名作为判断条件。

2.6.4　查

读取数据，主要使用关键词 select 实现，一般有读取所有数据、读取某条数据及根据搜索条件读取某些数据三种情况。

1．读取所有数据

```
select * from student
```

2．读取某条数据

```
select * from student where stuNumber='s07'
```

注意：必须选择字段值是唯一的，不能重复。

3．根据搜索条件读取某些数据

```
select * from student where stuName like '%李%'
//模糊查询，可查出姓名中含“李”字的所有学生信息
```

【友情提示】'%李%'与'李%'二者区别。

'%李%'与'李%'是有区别的，如 stuName like '%李%'与 stuName like '李%'这两个不同语句，前者是指查询姓名含有“李”字，而后者是指查询姓名中以“李”字开头的任意姓名。

第 3 章　JSP 概述

【学习目标】

通过本章的学习，应能够：

- 了解 JSP 概念及常见的动态网页技术
- 了解静态网页与动态网页的区别
- 熟悉 JSP 开发环境的最佳组合：JDK+Tomcat 与 MyEclipse
- 掌握 JDK 与 Tomcat 环境变量配置
- 掌握在 MyEclipse 中整合 JDK 和 Tomcat 的方法
- 了解新建一个 Web 项目的方法
- 掌握部署项目发布 JSP 文件的方法
- 了解项目发布路径 URL 地址中去掉端口号和项目名称的方法

本章主要介绍 JSP 的概念，JSP 开发环境的最佳组合 JDK+Tomcat 与 MyEclipse 的安装和配置，以及新建 JSP 文件的方法，并对其进行部署、发布浏览。

3.1　JSP 介绍

本节主要介绍 JSP 的概念，阐述静态与动态网页的区别，并指出常见的动态网站开发技术。

3.1.1　JSP 概念

JavaServer Pages (JSP)是由 Sun 公司倡导，由许多公司参与一起建立的一种动态网页技术标准，是一种以 Java 为主的跨平台 Web 开发语言。JSP 具备了 Java 技术简单易用的特点，完全的面向对象，具有平台无关性且安全可靠。JSP 运行于服务器端。

3.1.2　静态与动态网页

静态网页是指网页一旦制作完成，就不能随意更改，或者需要专业的技术人员才能修改，而且这种网页不能实现用户与服务器之间的交互，这种网页制作成本较高，制作周期长，更改困难，只适合一些不需经常更改内容的网页。

动态网页正好弥补了静态网页的不足，所谓动态网页是指从网站开发、管理、维护的角度来考虑，能根据用户的要求而动态改变的页面，具有以下两个特点：

（1）动态网页一般以数据库技术为基础，可以大大降低网站维护的工作量；

（2）采用动态网页技术的网站可以实现更多的功能，如用户注册、用户登录、在线调查、用户管理、订单管理等。

3.1.3　常见的动态网页技术

目前，常见的动态网页技术有 asp（.asp）、asp.net（.aspx）、php（.php）和 jsp（.jsp），其中 asp 和 asp.net 是由 Microsoft 公司建立的，jsp 是由 Sun 公司建立的。每当学习动态网页技术时，就会探讨一个问题，这几个技术哪个好，其实这个问题是没有具体答案的，各位始终要记住，**“没有最好的技术只有最适合的技术”**。但如果非要加以区别，可以说 asp 和 asp.net 非开源、不免费而且只能用于 Windows 平台，而 php 和 jsp 都是开源、免费的而且都可以跨平台使用，如 Linux。相比 php（moodle 平台就使用 php 开发），jsp 背后有更多的开源程序支持（可以去 http://www.iteye.com 网站下载），能够使 jsp 实现更强大的功能。

3.2　JSP 开发环境

若采用 JSP 动态网页技术开发项目，服务器端必须有相应的开发环境，其最佳组合环境为：JDK+Tomcat 与 MyEclipse。

3.2.1　JDK 安装与配置

JDK，即 Java Developer Kit，Java 开发工具包，是整个 Java 的核心，包括 Java 运行环境、Java 工具和 Java 基础类库。

1．下载与安装 JDK

用户可以去官网 http://www.oracle.com/technetwork/java/javase/downloads /index.html，下载 JDK。本书以适用于 Windows x86 系统（32 位）的 jdk-6u16-windows-i586.exe 版本为例。JDK 下载完以后，便可以进行安装。

（1）启动安装程序。用鼠标双击下载的安装文件“jdk-6u16-windows-i586.exe”，弹出“Java(TM) SE Development Kit 6 Update 16-许可证”对话框，如图 3.1 所示。

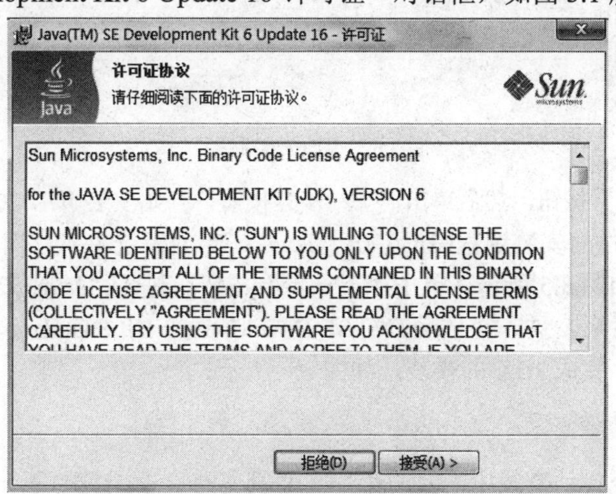

图 3.1　“Java(TM) SE Development Kit 6 Update 16-许可证”对话框

（2）接受安装协议。单击“接受”按钮，进入“Java(TM) SE Development Kit 6 Update 16-自定义安装”对话框，如图 3.2 所示。

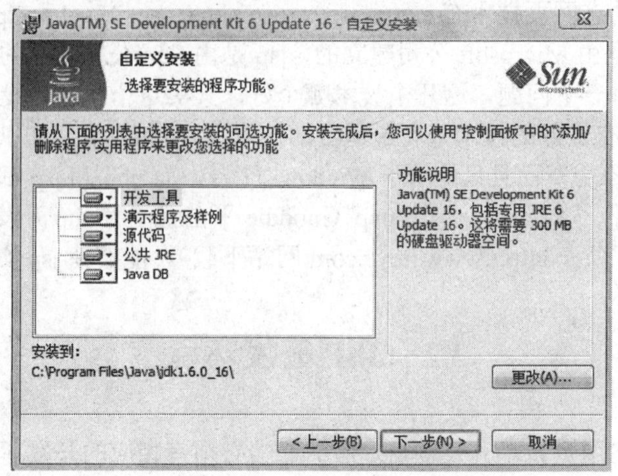

图 3.2　“Java(TM) SE Development Kit 6 Update 16-自定义安装”对话框

（3）选择安装路径。单击“更改(A)...”按钮，这里将路径更改为“C:\jdk1.6.0_16\”（注意，路径最后以反斜杠“\”结尾），如图 3.3 所示。

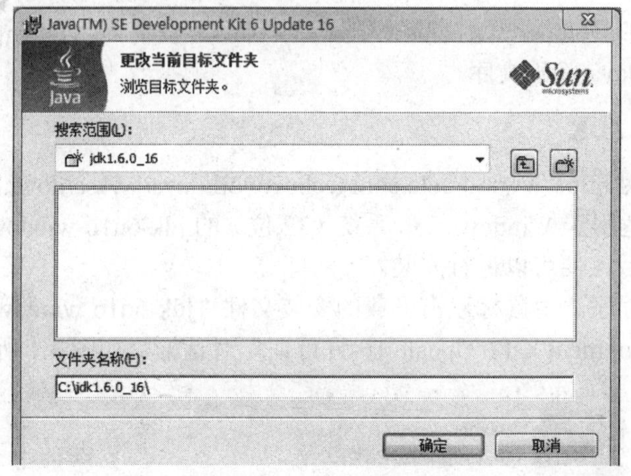

图 3.3　更改安装路径

（4）单击“确定”按钮，然后单击“下一步”按钮，开始安装 JDK 文件，如图 3.4 所示。

（5）在 JDK 文件的安装过程中，弹出“Java 安装-目标文件夹”对话框，此项安装路径选择默认设置，如图 3.5 所示，单击“下一步”按钮，进入“Java 安装”。

（6）安装完文件后，进入“Java(TM) SE Development Kit 6 Update 16-完成”对话框，单击“完成”按钮，完成 JDK 的安装，如图 3.6 所示。

2．配置 JDK 环境变量

为了让操作系统自动查找所需要的命令文件所在的目录，正常编译、运行 Java 应用程序，需要配置关于 JDK 的三个环境变量，即 JAVA_HOME（JDK 的安装路径）、Path（系

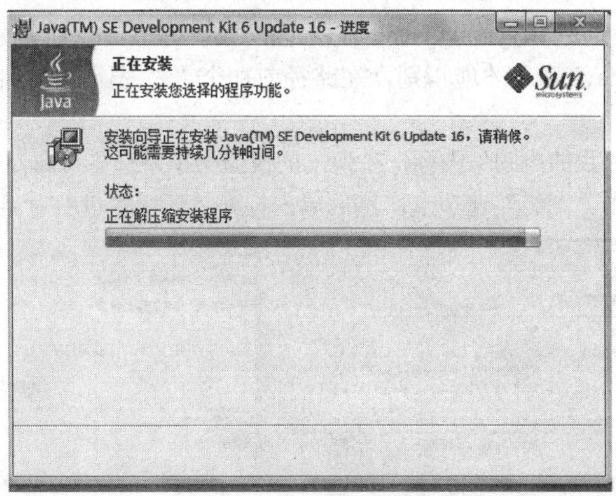

图 3.4　安装 JDK 文件

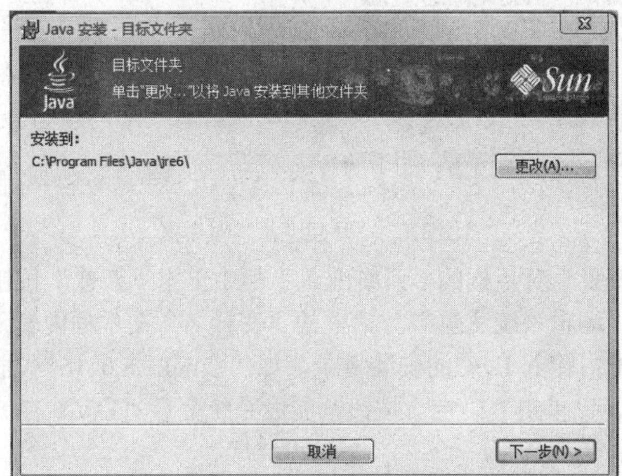

图 3.5　“Java 安装-目标文件夹”对话框

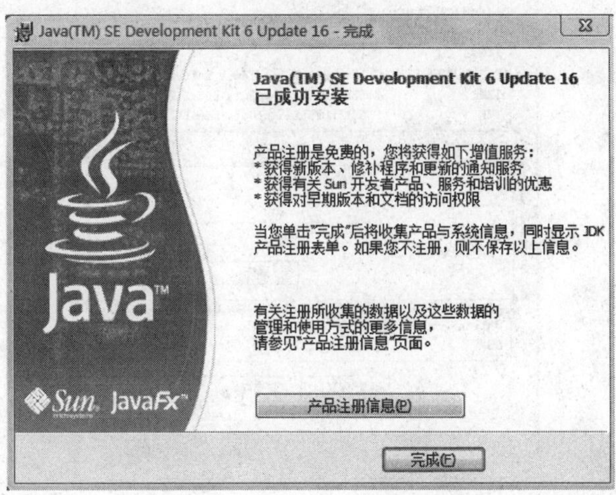

图 3.6　“Java(TM) SE Development Kit 6 Update 16-完成”对话框

统在任何路径下都可以识别 java、javac 命令）和 CLASSPATH（Java 加载类路径，只有类在 CLASSPATH 中 java 命令才能识别，在路径前加个“.”表示当前路径）。

配置过程如下：

（1）右键单击“我的电脑”图标，在弹出的快捷菜单中选择“属性”选项，进入“系统属性”对话框。单击“高级”选项卡，然后单击打开“环境变量”对话框，如图 3.7 所示。

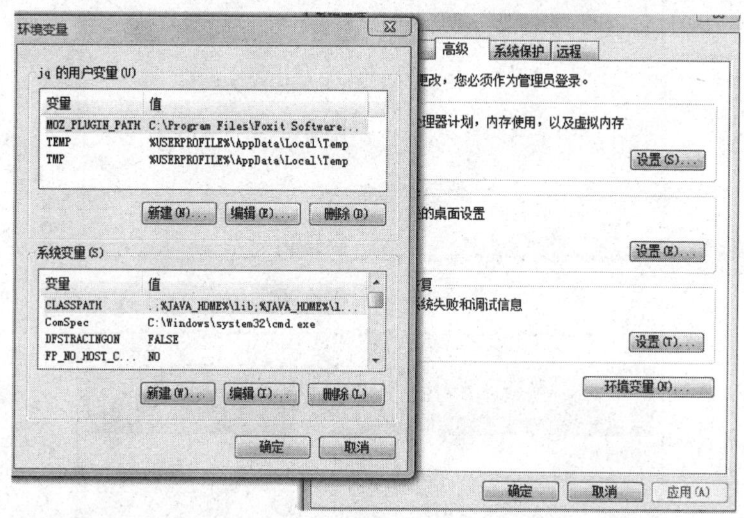

图 3.7　“环境变量”对话框

（2）在“环境变量”对话框的“系统变量”栏中单击“新建”按钮，弹出“编辑系统变量”对话框。在“编辑系统变量”对话框的“变量名”文本框内输入“JAVA_HOME”，在“变量值”文本框内输入 JDK 的安装目录，如“C:\jdk1.6.0_16”（根据自己的安装路径填写），如图 3.8 所示。单击“确定”按钮，完成系统变量“JAVA_HOME”的设定，返回“环境变量”对话框。

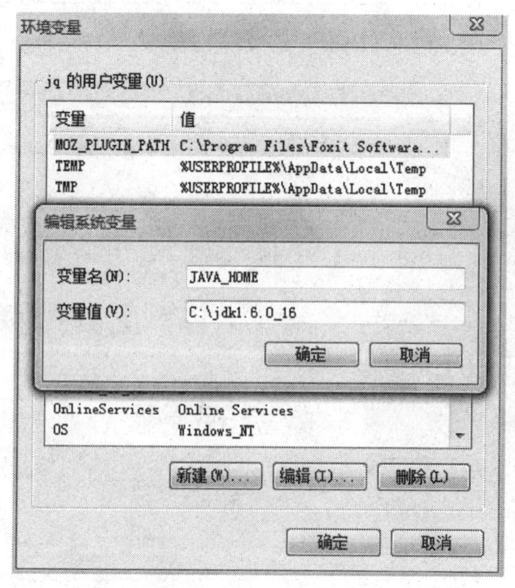

图 3.8　配置系统变量“JAVA_HOME”

【友情提示】 JAVA_HOME 的变量值是使用“复制”→“粘贴”的方式将地址栏中的 JDK 的安装目录“C:\jdk1.6.0_16”粘贴到文本框内的，而不是手写进去的。

（3）在“系统变量”栏中选中系统变量“Path”，单击“编辑”按钮，弹出“编辑系统变量”对话框。在“编辑系统变量”对话框的“变量值”文本框末端添加字符串“%JAVA_HOME%\bin”（注意，前面末尾用分号隔开），如图 3.9 所示。单击“确定”按钮，完成系统变量“Path”的编辑，返回“环境变量”对话框。

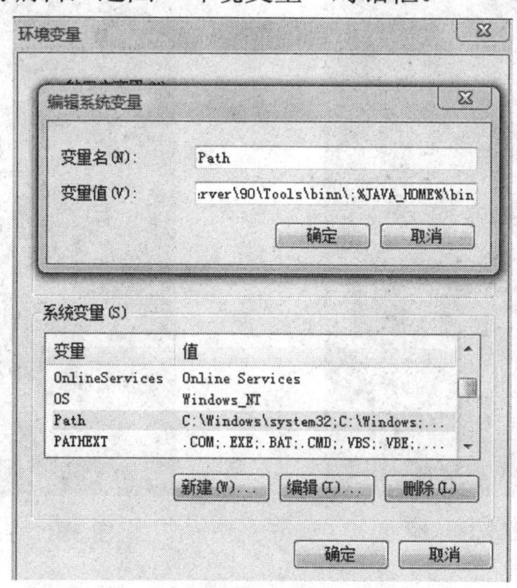

图 3.9　配置系统变量“Path”

（4）在“环境变量”对话框的“系统变量”栏中单击“新建”按钮，弹出“编辑系统变量”对话框。在“编辑系统变量”对话框的“变量名”文本框内输入“CLASSPATH”，在“变量值”文本框内输入“.;%JAVA_HOME%\lib;%JAVA_HOME%\lib\tools.jar;”（注意，“.;”不可以删除，它表示当前目录），如图 3.10 所示。单击“确定”按钮，完成系统变量

图 3.10　配置系统变量“CLASSPATH”

“CLASSPATH”的设定，返回“环境变量”对话框，完成 JDK 的配置。

【友情提示】如何判定 JDK 是否正确安装？

首先，单击“开始”→“运行”选项，在打开的文本框中写入“cmd”，单击“确定”按钮。

然后，分别输入 java 命令和 javac 命令，按“Enter”键，若能显示如图 3.11、图 3.12 所示的图片，则说明 JDK 已成功安装。

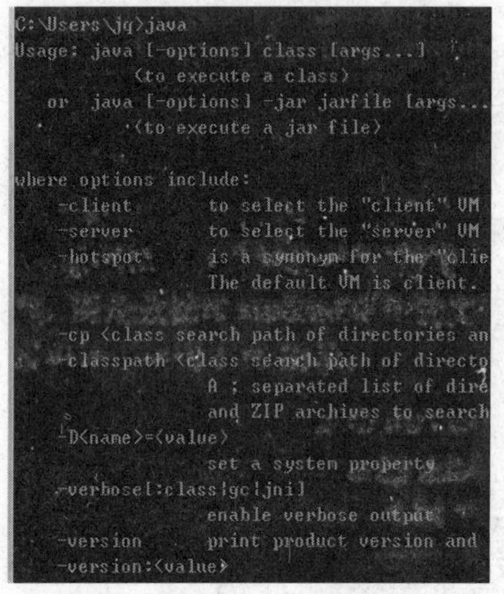

图 3.11　java 命令显示图

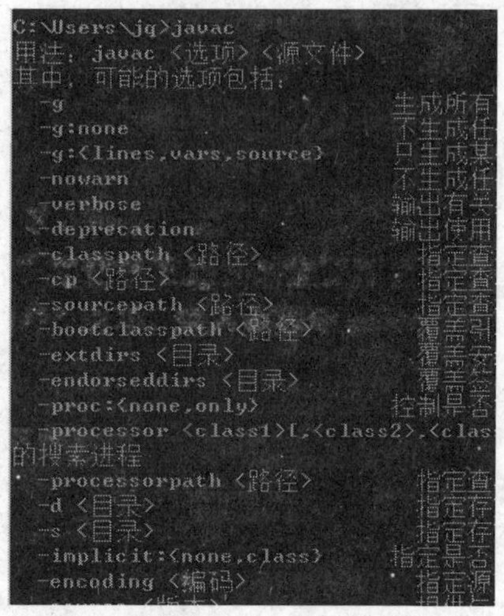

图 3.12　javac 命令显示图

3.2.2　Tomcat 安装与配置

Tomcat 是由 Apache、Sun 等公司利用 Java 语言开发的一个免费的 Web 应用服务器，支持 JSP 运行。

1．下载与安装 Tomcat

用户可以去官网“http://tomcat.apache.org/”下载 Tomcat，本文以 apache-tomcat-6.0.20.exe 版本为例。Tomcat 下载后，便可以安装了。

（1）双击下载的 Tomcat 安装文件“apache-tomcat-6.0.20.exe”，弹出“Apache Tomcat Setup”对话框，如图 3.13 所示。

（2）单击“Next”按钮，进入“License Agreement”（安装协议）对话框，如图 3.14 所示。

（3）单击“I Agree”按钮，进入“Choose Components”（选择安装组件）对话框，这里按默认设置，如图 3.15 所示。

（4）单击“Next”按钮，进入 Tomcat 的安装路径，在这里设为“C:\Tomcat 6.0”，如图 3.16 所示。

（5）单击“Next”按钮，进入“Configuration”对话框。在该对话框中可以设定 Tomcat 服务端口号、用户名和密码。在这里采用默认端口号和用户名，密码为空，如图 3.17 所示。

（6）单击“Next”按钮，进入“Java Virtual Machine”（虚拟机）对话框。在该对话框中可以设置 Tomcat 所使用的虚拟机所在的路径，这里采用默认设置，如图 3.18 所示。

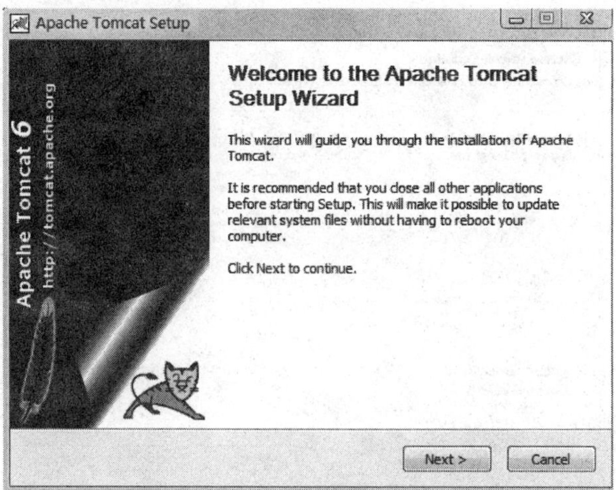

图 3.13　安装 Tomcat

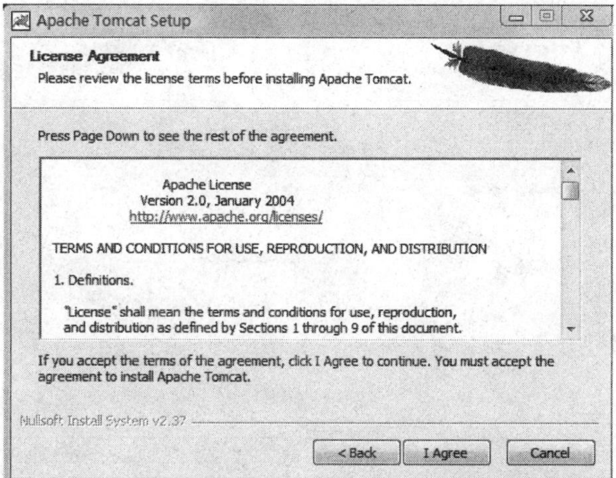

图 3.14　“License Agreement”（安装协议）对话框

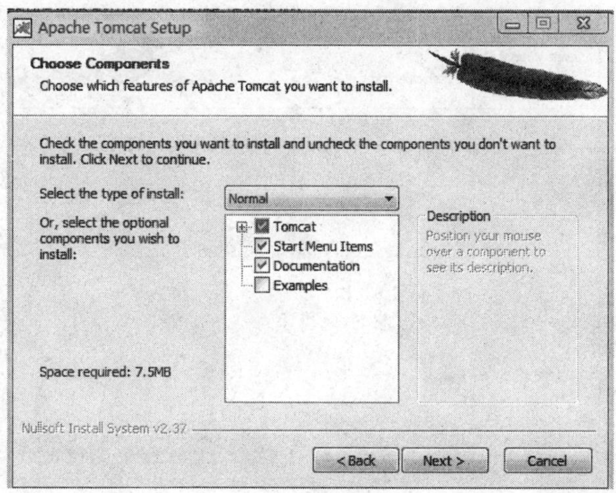

图 3.15　“Choose Components”（选择安装组件）对话框

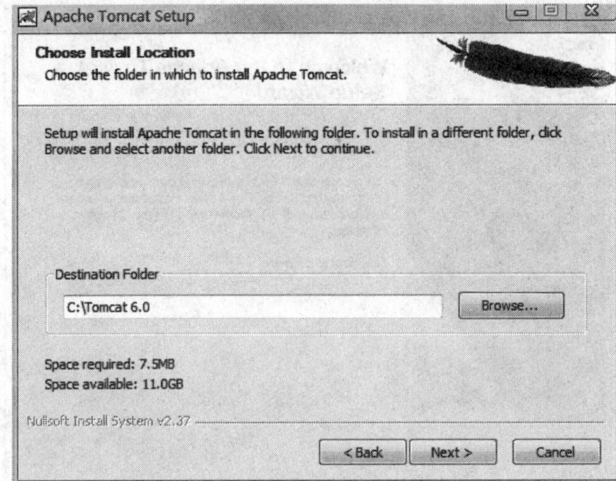

图 3.16　设置 Tomcat 安装路径

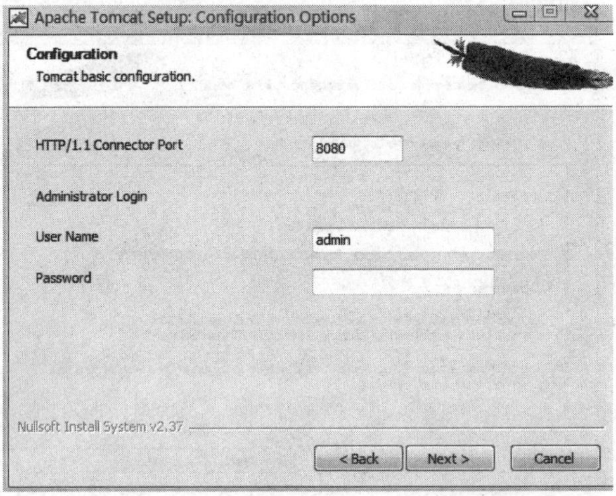

图 3.17　设置 Tomcat 的端口号、用户和密码

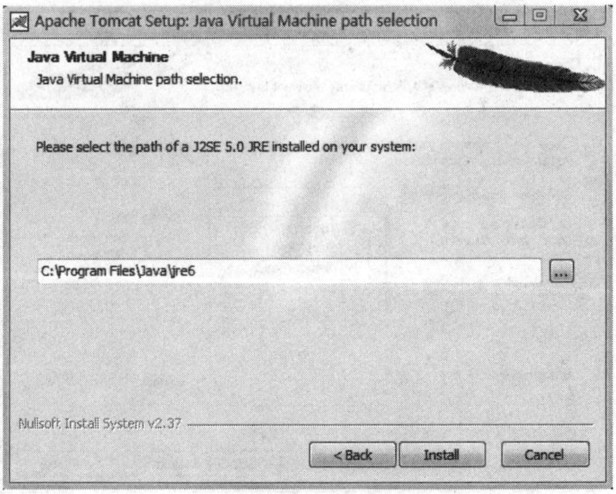

图 3.18　设置 Tomcat 使用的虚拟机

（7）单击“Install”按钮，开始安装 Tomcat，完成后进入如图 3.19 所示的对话框。暂时可以不选择“Run Apache Tomcat”和“Show Readme”这两个复选框，然后单击“Finish”按钮，完成 Tomcat 的安装，如图 3.19 所示。

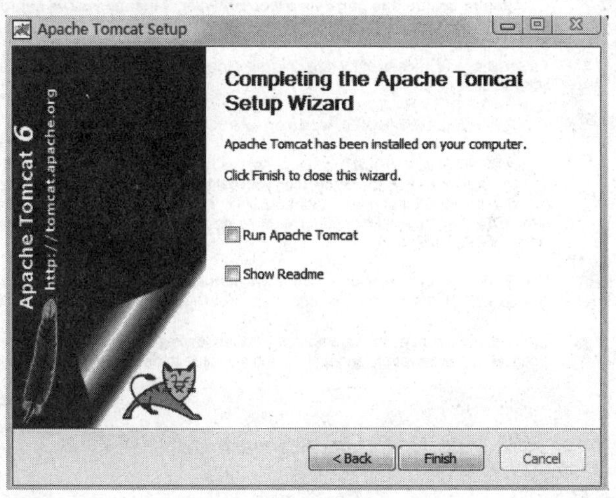

图 3.19　Tomcat 安装完成

注意：Tomcat 一定是基于 JDK 基础上安装的。

【友情提示】如何判定 Tomcat 是否正确安装？

首先，单击“开始”→“程序”→“Apache Tomcat”→“configure Tomcat”选项，进入“Apache Tomcat 6 Properties”对话框，如图 3.20 所示。

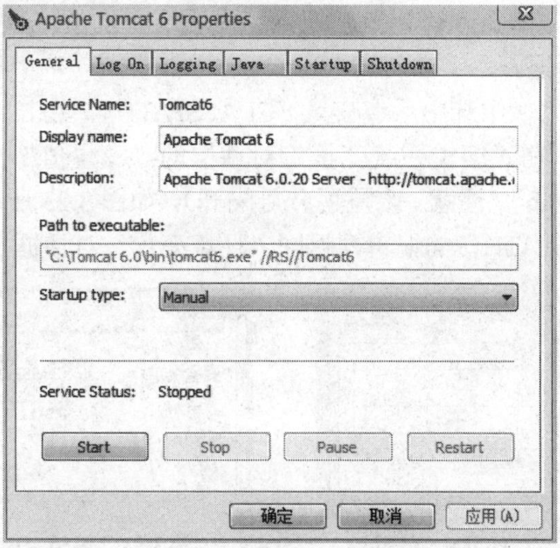

图 3.20　“Apache Tomcat 6 Properties”对话框

然后，单击“Start”按钮，启动 Tomcat。在浏览器地址栏中，可以输入“http://localhost:8080”或“http://127.0.0.1:8080”或“http://ip 地址:8080”（注意，必须写端口号 8080），若显示如图 3.21 所示的网页，则说明 Tomcat 已成功安装。

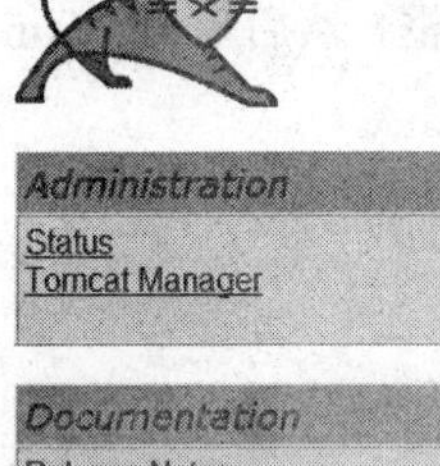

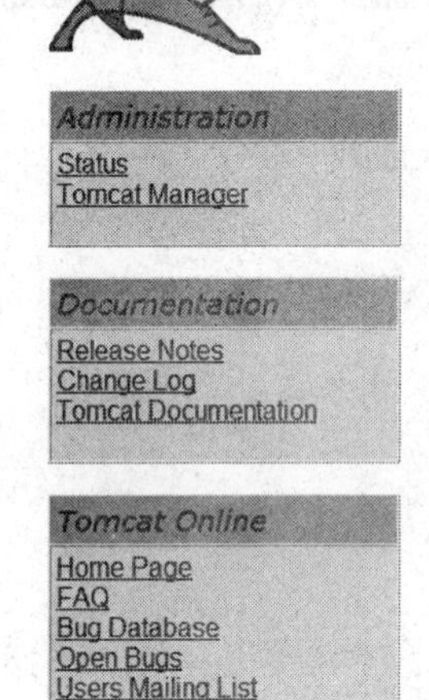

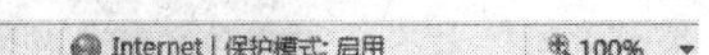

图 3.21　关于 Apache Tomcat 的介绍网页

2．配置 Tomcat 环境变量

同 JDK 一样，为了让操作系统自动查找 Tomcat 所需要的命令文件所在的目录，需要配置关于 Tomcat 的环境变量，具体过程如下。

（1）在“环境变量”对话框的“系统变量”栏中单击“新建”按钮，弹出“编辑系统变量”对话框。在“编辑系统变量”对话框的“变量名”文本框内输入“TOMCAT_HOME”，在“变量值”文本框内输入 JDK 的安装目录，如“C:\Tomcat 6.0”（根据自己的安装路径填写），如图 3.22 所示。单击“确定”按钮，完成系统变量“TOMCAT_HOME”的设定，返回“环境变量”对话框。

（2）在“系统变量”栏中选中系统变量“CLASSPATH”，单击“编辑”按钮，弹出“编辑系统变量”对话框。在“编辑系统变量”对话框的“变量值”文本框末端添加字符串“%TOMCAT_HOME%\lib”（注意，末尾用分号隔开），如图 3.23 所示。单击“确定”按钮，完成系统变量“CLASSPATH”的编辑，返回“环境变量”对话框，完成 Tomcat 的配置。

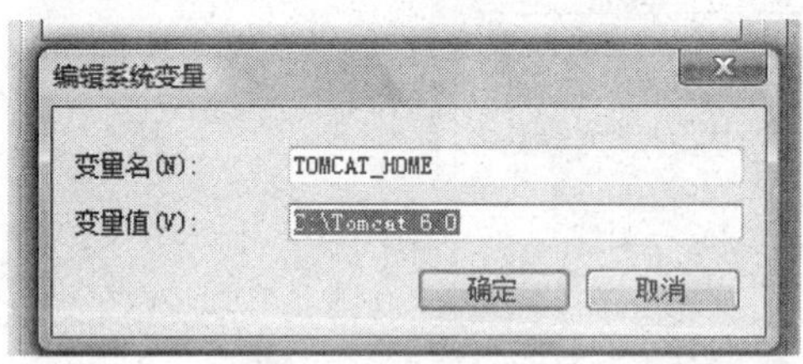

图 3.22　配置“TOMCAT_HOME”变量

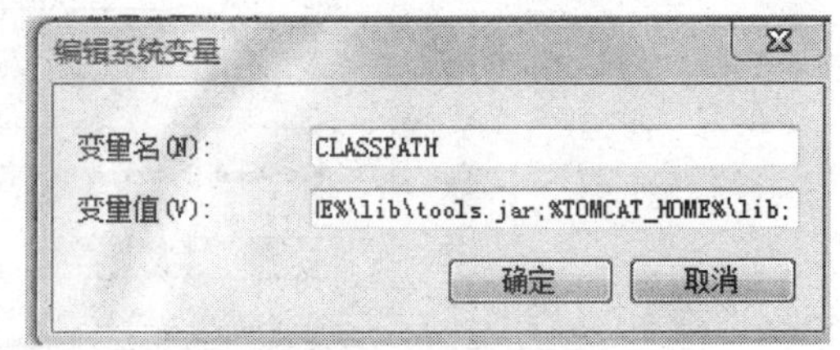

图 3.23　编辑“CLASSPATH”变量

【友情提示】如何修改 Tomcat 端口号？

在 Tomcat 的主要目录 conf（如 C:\Tomcat 6.0\conf）中，打开 server.xml 文件，查到如下代码：

```
<Connector port="8080"protocol="HTTP/1.1"
```

```
connectionTimeout="20000"
redirectPort="8443"/>
```

其中，port="8080"中的 8080 就是默认端口号，可以自行修改。

注意：server.xml 修改后，必须重新启动 Tomcat 服务器，这样才能使修改生效。

3.2.3　MyEclipse 安装与配置

MyEclipse 是一个十分优秀的用于开发 JSP 动态网站程序的工具软件，功能非常强大，包含完备的编码、调试、测试和发布功能。

1．下载与安装 MyEclipse

用户可以访问官网"http://www.myeclipseide.com/"下载试用版 MyEclipse，然后按安装程序的默认设置安装，这里就不详细说明了。

2．配置 MyEclipse

为了实现 MyEclipse 与 JDK+Tomcat 三者有效整合，需要对 MyEclipse 进行配置，详细过程如下。

（1）单击"开始"→"程序"→"MyEclipse"启动软件。在软件环境中，单击菜单栏"Window"选项，在下拉菜单中选择"Preferences"选项，进入"Preferences"对话框，如图 3.24 所示。

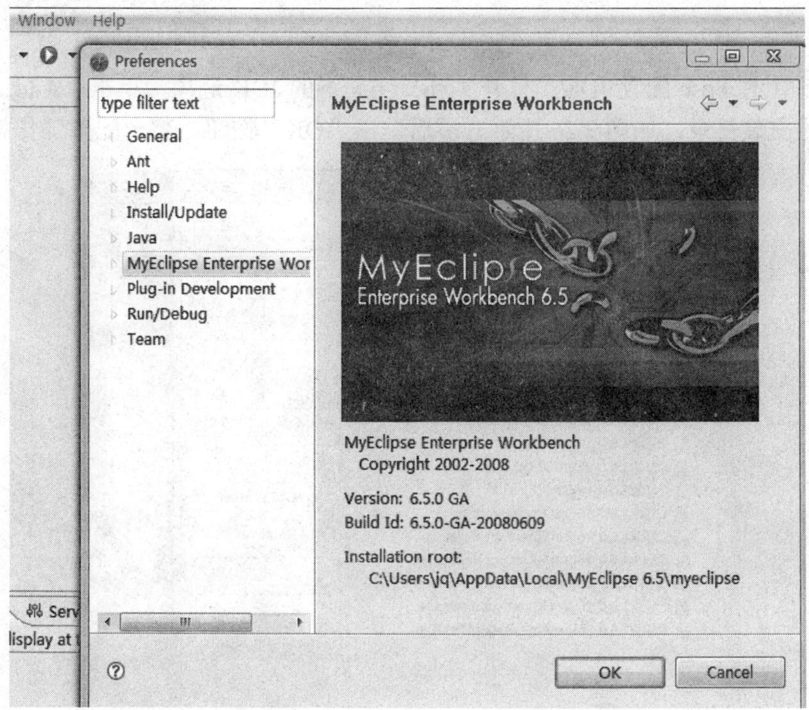

图 3.24　"Preferences"对话框

（2）在 MyEclipse 配置 Tomcat。从“Preferences”对话框左侧菜单下找到“MyEclipse Enterprise Workbench”选项，打开其中的“Servers”选项，找到“Tomcat”，选择自己安装的版本，如选择“Tomcat 6.x”，将其设为”Enable”。单击“Browse...”按钮，选择 Tomcat 的安装目录，如图 3.25 所示。

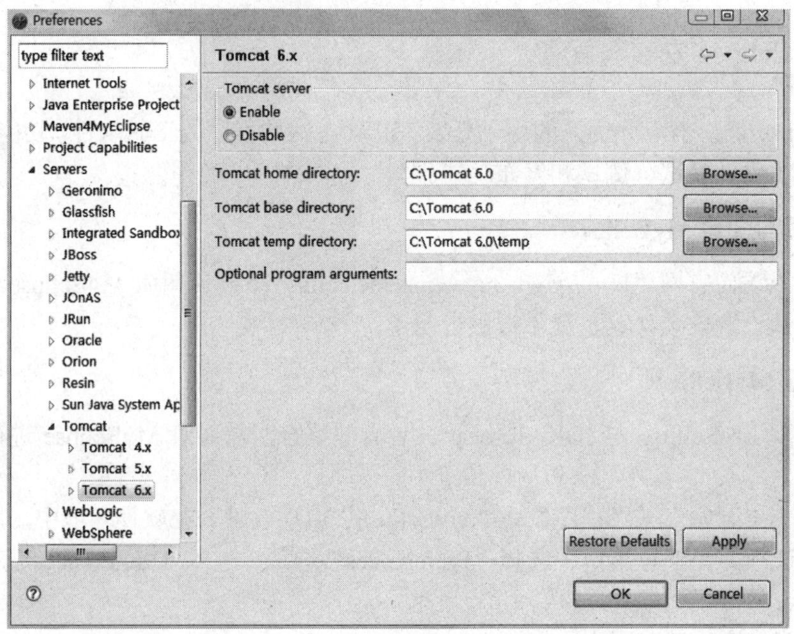

图 3.25　配置 Tomcat

（3）在 MyEclipse 配置 JDK。打开 Tomcat 6.x 下的 JDK 选项，单击“Add...”按钮，选择 JDK 的安装目录，如图 3.26 所示。最后单击“OK”按钮，整个配置工作就完成了。

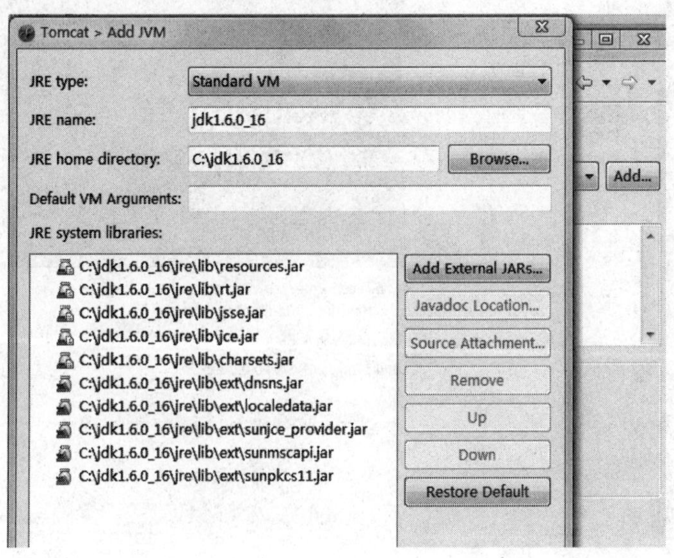

图 3.26　配置 JDK

【友情提示】在 MyEclipse 中设置 JSP 文件为国际通用编码格式。

从“Preferences”对话框左侧菜单下找到“Files and Editors”选项，打开其中的“JSP”选项，在右侧找到“Encoding”下拉列表，选择“ISO 10646/Unicode (UTF-8)”项（国际通用编码格式），如图 3.27 所示。单击“OK”按钮完成 JSP 文件编码设置。

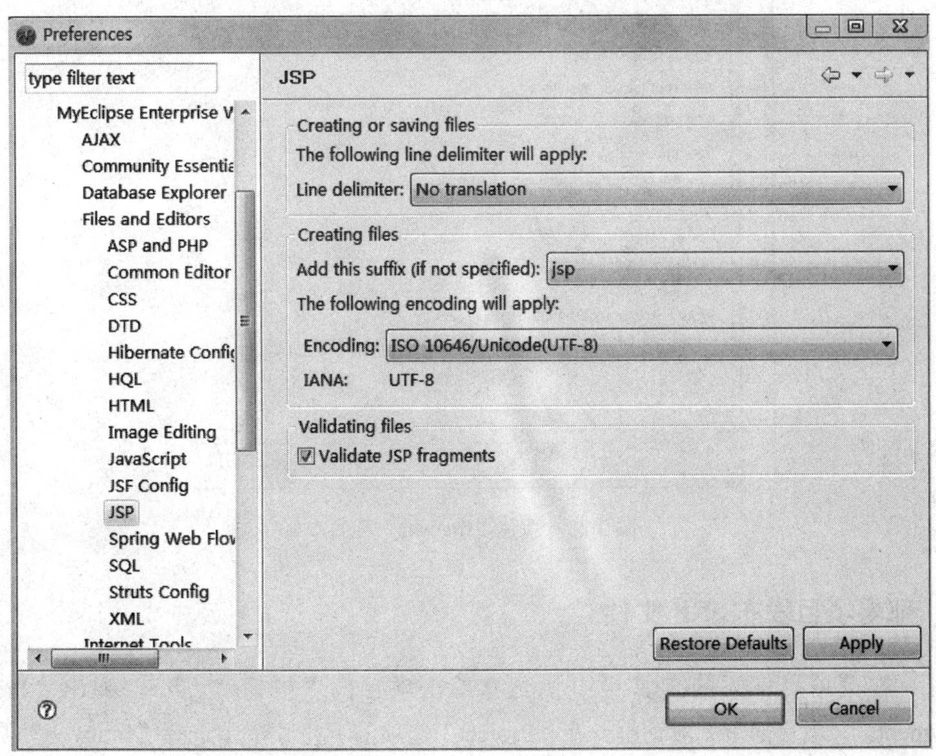

图 3.27　设置 JSP 文件编码格式

3.3　第一个 JSP 程序

本节主要通过一个简单的 Web 项目使大家初步了解 JSP 文件，以及掌握开发环境 MyEclipse 与 JDK+Tomcat 三者最佳组合的用法。

3.3.1　新建 Web 项目——firstweb

打开 MyEclipse，在菜单栏中可以看到“File”一项，单击打开下拉菜单，找到“New”选项，然后选择“Web Project”选项（注意，不是 Web Service Project）。弹出“New Web Project”对话框，在“Project Name”文本框中输入项目名为“firstweb”，如图 3.28 所示。单击“Finish”按钮完成新建项目。

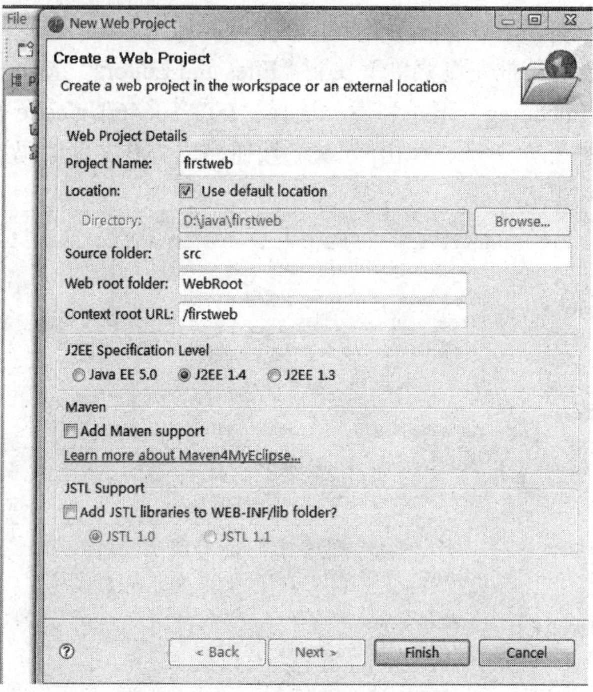

图 3.28　新建“firstweb”项目

3.3.2　部署项目发布 JSP 文件

（1）在菜单栏下方的工具栏中找到并单击项目部署按钮“”，弹出“Project Deployments”（项目部署）对话框，在“Project”选项的下拉菜单中选择“firstweb”项目，如图 3.29 所示。

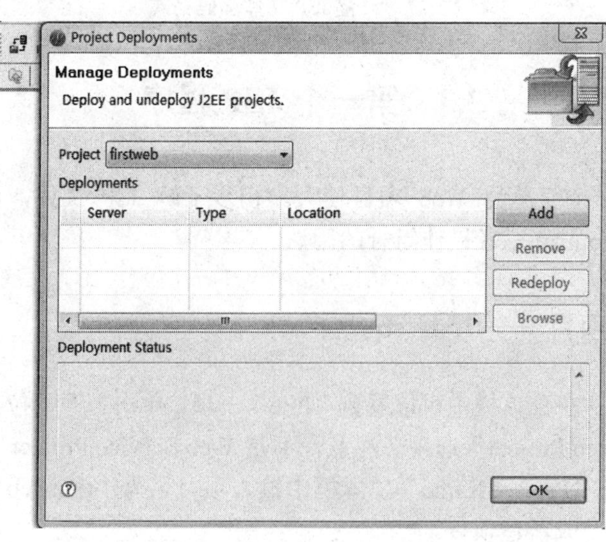

图 3.29　“Project Deployments”（项目部署）对话框

（2）单击“Add”按钮，进入“New Deployment”（新部署）对话框，在“Server”选项的下拉菜单中选择“Tomcat 6.x”，如图 3.30 所示。单击“Finish”按钮完成项目 firstweb 的部署。

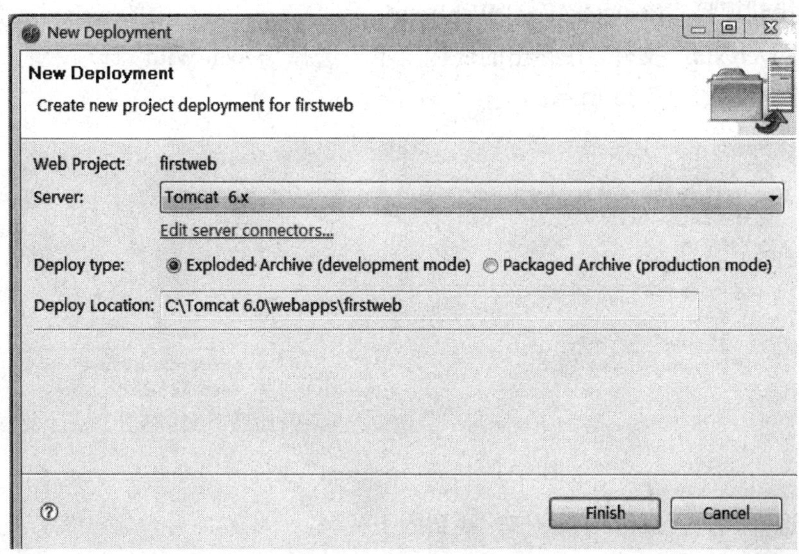

图 3.30　“New Deployment”（新部署）对话框

（3）在 MyEclipse 软件的 Servers 窗口中选中“Tomcat 6.x”（注意，不是选择 MyEclipse Tomcat），然后单击启动服务器按钮“ ”，启动 Tomcat 服务器，如图 3.31 所示。

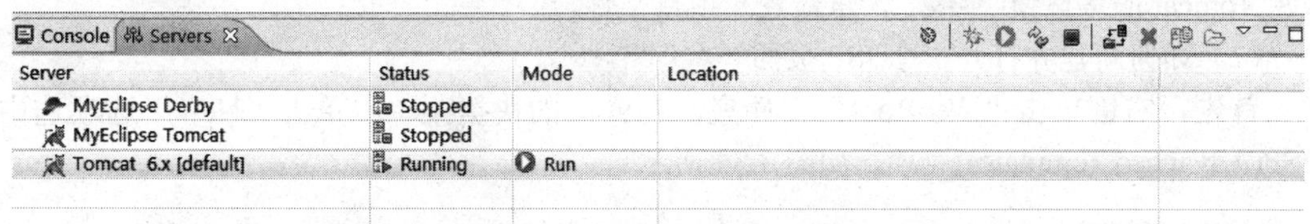

图 3.31　启动 Tomcat 服务器

（4）在浏览器地址栏中输入“http://127.0.0.1:8080/firstweb”（注意，要写端口号 8080 和项目名称），即可发布 firstweb 项目文件，默认打开首页是 index.jsp，页面显示效果如图 3.32 所示。

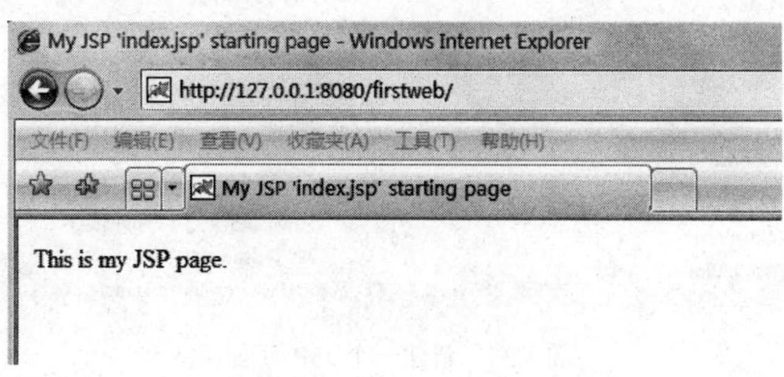

图 3.32　JSP 文件发布

【友情提示】

（1）如何设定项目文件的默认首页面？

默认打开的首页面是项目中的 index.jsp 页，用户可以修改首页面，修改过程如下。

首先，找到项目“firstweb”→“WebRoot”→“WEB-INF”中的 web.xml 文件，用鼠标右键单击“web.xml”文件，在弹出的快捷菜单中选择“Open With”选项中的“MyEclipse XML Editor”项，如图 3.33 所示。

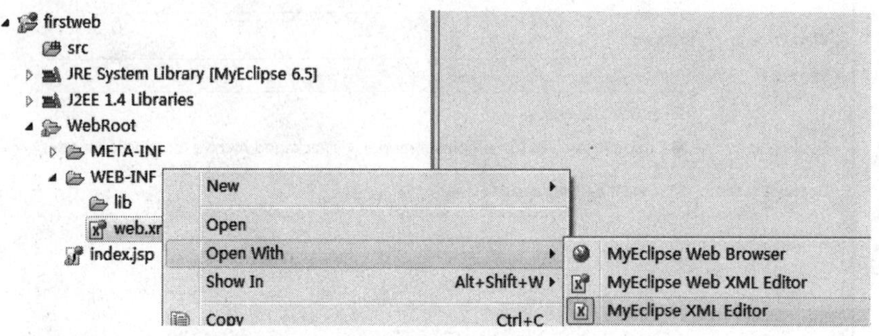

图 3.33　打开“web.xml”文件

然后，选择代码“Source”窗口，找到如下代码：

```
<welcome-file-list>
<welcome-file>index.jsp</welcome-file>
</welcome-file-list>
```

代码中的“index.jsp”是默认显示首页面，用户可以自行修改首页面。完成后，单击重启 Tomcat 服务按钮“ ”，重新发布项目文件。

（2）如何新建并打开一个 JSP 页面？

首先，右键单击“WebRoot”文件夹，在弹出的快捷菜单中单击“New”选项选中“JSP(Advanced Templates)”项，如图 3.34 所示。

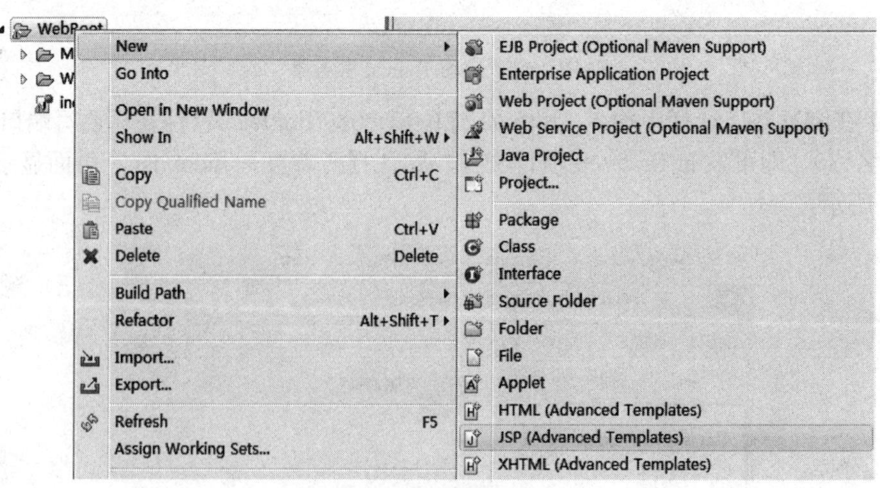

图 3.34　新建一个 JSP 页面

其次，在弹出的“Creat a new JSP page”对话框中输入 JSP 文件名，如“register.jsp”，如图 3.35 所示。单击“Finish”按钮完成 JSP 文件的创建。

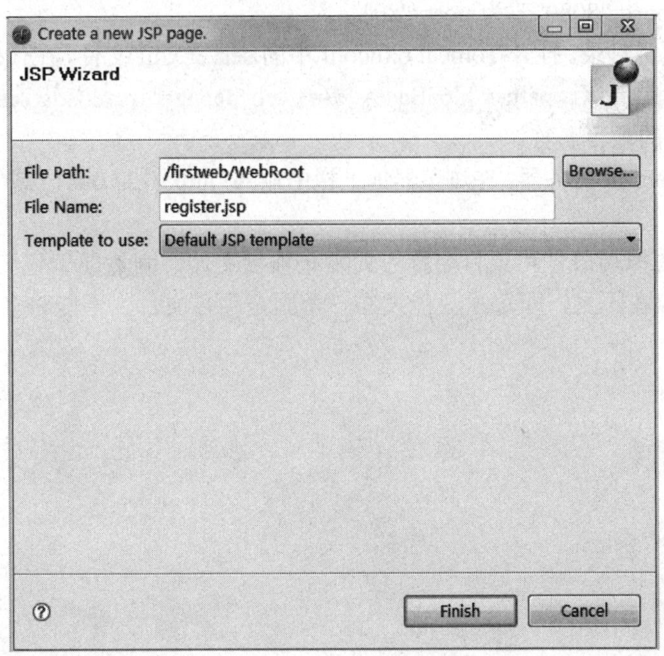

图 3.35　完成“register.jsp”页面创建

最后右键单击“register.jsp”文件，在弹出的快捷菜单中单击“Open With”选项中的“MyEclipse JSP Editor”项，即可打开“register.jsp”文件，如图 3.36 所示。

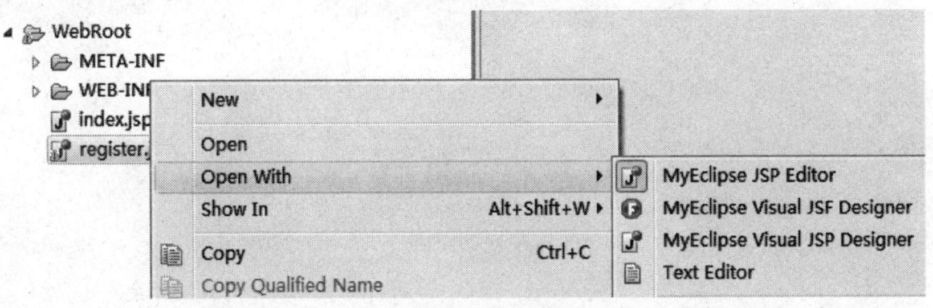

图 3.36　打开“register.jsp”文件

【知识扩展】发布显示项目文件时，如何去掉端口号和项目名称？

此前讲过，发布显示项目文件的 URL 地址格式为“http://127.0.0.1:8080/项目名”或“http://localhost:8080/项目名”或“http://ip 地址:8080/项目名”，这种 URL 地址不利于记忆，那么如何去掉端口号和项目名称，而只写 ip 地址或本机 127.0.0.1 进行发布呢？具体实现过程如下。

首先，将端口号 8080 更改为 80（因为采用 80 端口号发布网页时默认不写）。打开 Tomcat 6.0\conf 中的 server.xml 文件，找到端口号代码，如下：

```
<Connector port="8080"protocol="HTTP/1.1"
```

```
connectionTimeout="20000"
redirectPort="8443"/>
```

将代码中的 port="8080"改为 port="80"。

其次，更改项目目录。打开 Tomcat 6.0\conf 中的 server.xml 文件，在代码<Host></Host>中间加入一句<Context path=""docBase="/firstweb"debug="0"reloadable="true"/>，其中 firstweb 是待发布的项目名称。

最后，重启 Tomcat 服务器，在浏览器地址栏中输入“http://127.0.0.1”或“http://localhost”，即可打开页面。

注意：采用去掉端口号和项目名称方式发布项目文件，固然便于记忆所发布的地址，但是这种方法也存在不足，即每次只能发布一个固定项目文件，不能将多个项目文件同时发布。

第 4 章　JSP 基础语法

【学习目标】

通过本章的学习，应能够：

- 了解 JSP 程序中常量与变量的定义方法
- 掌握 JSP 程序中 4 类 8 种基本数据类型
- 了解基本数据类型的转换方法
- 熟悉 JSP 程序中常见的运算符和表达式的定义方法
- 掌握 JSP 程序中常用的控制语句：条件语句（if 语句）和循环语句（while 语句）

本章主要介绍 JSP 程序中涉及的一些语法知识，如定义常量和变量、常见的 4 类 8 种基本数据类型、运算符和表达式及常用的控制语句等。

4.1　常量与变量

4.1.1　常量定义

JSP 程序中常量表示不可变的值，常见的常量如下所述。

（1）整型常量：如 123。

（2）实型常量：如 3.14（带小数点）。

（3）字符常量：如'a'（注意，使用单引号且单字符为字符常量）。

（4）逻辑常量：如 true 或 false。

（5）字符串常量：如"HelloWorld"（注意，使用双引号且多字符为字符串）。

注意：区分字符常量与字符串常量。

4.1.2　变量定义

变量是 JSP 程序中最基本的存储单元，其要素包括变量名、变量类型和作用域。需要注意的是使用前必须先声明变量，然后赋值，最后才能使用它。

声明的格式为：变量类型 变量名=值

例如：

```
int i=123;
String s="hello";
Doubled1,d2,d3=0.123
```

注意：这里 d1、d2 的值为 0.0，而只有 d3 的值是 0.123，千万不要认为 3 个值都是 0.123。

【友情提示】变量命名要遵守如下规则：

- 由字母、下画线、数字等组合；
- 由字母、下画线等开头，不能以数字开头；
- 区分大小写；
- 标识符不能与特定含义的关键词（如 if、do、break、for 等）重名；
- 约定俗成——标识符选取要注意“见名知意”，如 HelloWorld，一看就知道意思。这也意味着尽量不要采用“aaa,bbb,ccc”等命名。

表 4.1 显示了合法变量与不合法变量。

表 4.1　合法变量与不合法变量

合法的变量	不合法的变量	合法的变量	不合法的变量
HelloWorld	Hell Word	Vfor	for
_876	87.6	stuDb	stuDb#

4.2　JSP 中常见的基本数据类型

JSP 程序中常见的基本数据类型包括 4 类 8 种，即整数型（byte、short、int、long）、浮点型（float、double）、字符型（char）和逻辑型（boolean），如图 4.1 所示。

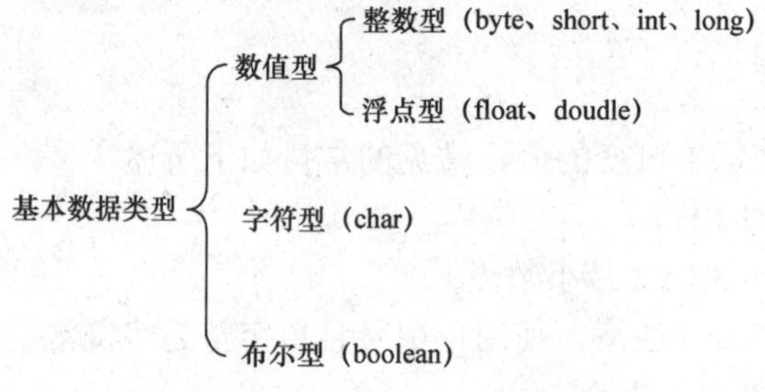

图 4.1　JSP 中常见的基本数据类型

4.2.1　整数型

整数型有 4 种，如 byte、short、int、long，4 种类型的区分是指它们在内存中占的空间大小不一样。默认是 int 类型，如果想声明一个 long 类型，那么值的结尾必须加一个 l 或 L，如：

```
int i=600;long l=8888888888888888L;      //必须加 L，否则就会出现错误。
```

表 4.2 列出了各种整数型。

表 4.2　整数型

类　型	占用存储空间	取 值 范 围	类　型	占用存储空间	取 值 范 围
byte	1 字节	−128～127	int	4 字节	-2^{31}～$2^{31}-1$
short	2 字节	-2^{15}～$2^{15}-1$	long	8 字节	-2^{63}～$2^{63}-1$

4.2.2　浮点型

与整数型相似，浮点型有固定的取值范围和长度，值带有小数点，有两种类型 float、double。默认是 double 类型，如果想声明一个 float 类型，那么值的后面必须加 f，如：

```
double d=1234.5;   //默认是 double 类型
float f=12.3f;   //值后面必须加 f，不写就是 double 类型，否则会出现错误。
```

表 4.3 列出了各种浮点型。

表 4.3　浮点型

类　型	占用存储空间	取 值 范 围
float	4 字节	−3.403E38～3.403E38
double	8 字节	−1.798E308～1.798E308

4.2.3　字符型

字符型通常用由单引号括起来的单个字符表示，如 char c='a'；char g='中'等。

【友情提示】String 字符串类型如何解释？

在 JSP 程序开发中实际应用更多的是 String 字符串类型，但由于 String 不属于 8 种基本数据类型，它实际上是一个对象，而对象属于引用数据类型，所以这里就不详细介绍了。

4.2.4　逻辑型

逻辑型也称布尔型，通常适用于逻辑运算，一般用于程序流程控制（if 语句），如：

```
boolean flag;
flag=true;
If(flag){
//do something
}
```

注意：逻辑型数据只允许取值 true 或 false，不可以使用 0 或 1 代替 false 或 true，这点与 C 语言不同。

4.2.5　基本数据类型的应用实例

下面是一组输出变量值代码：

```
<%
    boolean b=true;
    int x,y=9;
    double d=3.1415;
    String c1="大家好";
    char c2;
```

```
        c2='c';
        x=12;
        out.print("b="+b);        //注意，字符串与变量之间的连接使用"+"号
        out.print("x="+x+",y="+y);
        out.print("d="+d);
        out.print("c1="+c1);
        out.print("c2="+c2);
    %>
```

结果为：b=true x=12,y=9 d=3.1415 c1=大家好 c2=c

【友情提示】关于 out.print 的用法。

out.print 主要用于值的打印输出，详细用法见 5.1 节。

【知识扩展】基本数据类型转换。

JSP 程序中的基本数据类型在混合运算中能够相互转换，不过转换时遵循以下原则。

（1）boolean 类型不可以转换为其他数据类型，如 true 或 false 不可能转换为 int 类型。当然，其他类型变量也不能转换为 boolean 类型。

（2）整数型、字符型和浮点型的数据在混合运算中可以相互转换，转换时遵循以下原则：

① 容量小的类型自动转换为容量大的数据类型。数据类型按容量大小排序为（小）byte、short、char→int→long→float→double（大）。注意，byte、short、char 之间不会相互转换，它们在计算时首先要转换为 int 类型。

② 容量大的数据类型转换为容量小的数据类型时，要加上强制转换符。

③ 有多种类型的数据混合运算时，系统首先自动将所有数据转换成容量最大的那一种数据类型，然后再进行计算。

④ 实数常量（如 2.2），默认为 double 类型。

⑤ 整数常量（如 22），默认为 int 类型。

为了便于理解基本数据类型之间的转换，下面举一个例子：

```
    <%
        int i1=233;
        int i2=567;
        double d1=(i1+i2)*1.3;
            //系统将 i1、i2 转换为 double 类型后再进行运算，因为 1.3 是 double 类型，
            //自动向容量大转换
        float f1=(float)((i1+i2)*1.3);
            //i1、i2 首先转换为 double 类型，乘以 1.3 算出来的数仍是 double 类型。
            //当转换为 float 类型时，属于向容量小的类型转换，因此需要加强制转换符。
            //所谓强制转换就是在数的前面写上另外数据类型。
            //注意，这里如果写 boolean 类型是不可以的
        float f3=1.53f;
            //必须加 f，相当于将 double 转换为 float，从大到小转换需强制转换
        long l1=143;
```

```
        //可以，将 int 转换为 long，从小到大，直接转即可
    long l2=5000000000L;
        //必须加 l，因为此值已经超出整数的最大值了，所以不能直接转换，必须加 L
    float f=l1+l2+f3;
        //系统将转换为 float 类型进行计算，由小转大，直接转即可
    long l=(long)f;
        //将 float 强制转换为 long，由于 float 都是带小数的，强制转换会舍去小数部分
        //（不是四舍五入）
%>
```

4.3　运算符和表达式

4.3.1　运算符

JSP 程序中常见的运算符有算术运算符、关系运算符、逻辑运算符、赋值运算符、扩展赋值运算符和字符串连接符。

1．算术运算符

常见的算术运算符有+、–、*、/、%（求余）、++（自增）、– –（自减）。其中++或– –还分两种情况，一种是++或– –在变量前，则先运算（变量加 1 或减 1）再取值；另一种是++或– –在变量后，则先取值再运算，即先取到变量值，然后变量再自加 1 或减 1，如：

```
<%
    int i1=10;
    int i2=20;
    int i=i2++;
    out.println("i="+i);          //结果是 i=20
    out.println("i2="+i2);        //结果是 i2=21
    int i3=++i2;
    out.println("i3="+i3);        //结果是 i3=22
    out.println("i2="+i2);        //结果是 i2=22
%>
```

2．关系运算符

常见的关系运算符有>、<、>=、<=、==（逻辑判断等于）、! =（不等于），用起来比较简单，这里就不举例了。

3．逻辑运算符

常见的逻辑运算符有！（非）、&（与）、|（或）、&&（短路与，逻辑判断）、||（短路或，逻辑判断）。对于逻辑运算而言，两边值只能是 true 或 false，通常有 4 种情况，如表 4.4 所示。

表 4.4　逻辑运算的 4 种情况

a	b	!a	a&b	a|b	a&&b	a||b
true	true	false	true	true	true	true
true	false	false	false	true	false	true
false	true	true	false	true	false	true
false	false	true	false	false	false	false

通过表 4.4，可知 a&b 只有 a 和 b 都是 true 时，其值才是 true；a|b 只要 a 或 b 其中有一个值为 true，其值就是 true；a&&b 和 a||b 与 a&b 和 a|b 运行结果没有区别，实例如下：

```
<%
    boolean a,b,c;
    a=true;
    b=false;
    c=a&b;
    out.print(c);      //结果是 false
    c=a|b;
    out.print(c);      //结果是 true
    c=!a;
    out.print(c);      //结果是 false
    c=a&&b;
    out.print(c);      //结果是 false
    c=a||b;
    out.print(c);      //结果是 true
%>
```

【友情提示】&&（短路与）和||（短路或）与&（与）和|（或）之间的区别。

就运行结果而言没有区别，但是它们之间的运行过程有区别，如：

```
<%
    int i=1;
    int j=2;
    boolean f1=(i>3)&&((i+j)>5)
        //由于 i=1，不可能大于 3，所以第二个表达式(i+j)>5 就没有必要计算了，
        //f1 的结果肯定是 false
    boolean f2=(i>3)&((i+j)>5)
        //虽然 i=1，不可能大于 3，通过第一个表达式就能够判断出 f2 的值是 false，
        //但是第二个表达式(i+j)>5 依然计算
%>
```

可见，&与&&区别就在于，&的两侧表达式必须都要进行计算，而&&的另一侧表达式不一定要计算，|与||的区别同理。

4．赋值运算符

赋值运算符采用一个“=”，前面已经使用过了，如 int i=100；如果两侧数据类型不一

致，可以进行强制转换，转换过程见 4.2.5 节。

5．扩展赋值运算符

常见扩展赋值运算符及其用法，如表 4.5 所示。

表 4.5　扩展赋值运算符及其用法

运 算 符	用 法 举 例	等效的表达式
+=	a+=b	a=a+b
−=	a−=b	a=a−b
*=	a*=b	a=a*b
/=	a/=b	a=a/b
%=	a%=b	a=a%b

6．字符串连接符

“+”除了用于算术加法运算外，还可以用于对字符串进行连接操作，如：

```
<%
    int i=10+90;
    out.print(i);          //结果是 100
    String s="hello"+"world";
    out.print(s);          //结果是 helloworld
%>
```

注意：“+”运算符两侧的操作数中只要有一个是字符串（String）类型，系统就会自动将另一个操作数转换为字符串，然后再进行连接。

例如：

```
<%
    int i=100;
    out.print("i="+i);
        //由于"i="是字符串，因此要将 i 的值转换为字符串，结果是 i=100
%>
```

4.3.2　表达式

表达式是符合一定语法规则的运算符和操作数的序列，也就是说凡是看到可以表示出来的字符串序列，就是一个表达式。例如：

- a
- 6.0+a
- (a−b)*c
- I<20&&i%8!=0

上面这些形式都是表达式，通常情况下表达式有两个关键性的概念：表达式的类型和值。其中，对表达式中操作数进行运算得到的结果称为表达式的值；表达式值的数据类型即为表达式的类型。

【知识扩展】 三目条件运算符。

三目条件运算符的语法格式：

```
x?y:z
```

其中 x 为 boolean 表达式，先计算 x 值，若为 true，则整个三目运算的结果为表达式 y 的值，否则整个运算结果为表达式 z 的值。例如：

```
<%
    int score=80;
    String type=score<60?"不及格":"及格";        //结果赋值给 type 变量
    out.print(type);
%>
```

4.4 常用控制语句

JSP 程序中常用的控制语句有条件语句和循环语句。

4.4.1 条件语句：if 语句和 switch 语句

条件语句也称为分支语句，可根据不同条件执行不同语句。条件语句主要有两种，第一种是 if 语句，也是最常用的语句；第二种是 switch 语句。

1. if 语句

if 语句有 5 种形式，如下：

- if
- if…else
- if…else if
- if…else if…else if
- if…else if…else if…else

为了使大家更好地理解 if 语句，下面列出了 5 种形式的实例。

（1）if 形式：

```
<%
    int i=30;
    if(i<40){
        out.print("<40");
    }
%>
```

输出结果：<40

（2）if…else 形式：

```
<%
    int i=30;
```

```
        if(i<30){
            out.print("<30");
        }else{
            out.print(">=30");
        }
    %>
```

输出结果：>=30

（3）if…else if 形式：

```
    <%
        int i=30;
        if(i<30){
            out.print("<30");
        }else if(i<60){
            out.print("<60");
        }
    %>
```

输出结果：<60

（4）if…else if…else if：

```
    <%
        int i=30;
        if(i<20){
            out.print("<20");
        }else if(i<30){
            out.print("<30");
        }else if(i<60){
            out.print("<60");
        }
    %>
```

输出结果：<60

（5）if…else if…else if…else：

```
    <%
        int i=30;
        if(i<30){
            out.print("<30");
        }else if(i<60){
            out.print("<60");
        }else if(i<90){
            out.print("<90");
        }else{
            out.print(">=90");
        }
    %>
```

输出结果：<60

【友情提示】大括号问题。

if 语句中的执行语句一定要放在大括号{}内。当然，如果执行语句只有一句，大括号可以省略。建议无论何种情况都加上大括号{}。

2．switch 语句

switch 语句属于另一种条件语句，是一种比较简单的写法，其语法结构如下：

```
switch(){
    case**:
        执行语句;
        …
    case**:
        执行语句;
        …
    default:
        执行语句;
        …
    }
```

应用实例：

```
<%
    int i=8;
    switch(i){
        case 8:
            out.println("A");
            break;          //必须每个执行后跟 break
        case 3:
            out.println("B");
            break;          //必须每个执行后跟 break
        case 2:
            out.println("C");
            break;          //必须每个执行后跟 break
        case 9:
            out.println("D");
            break;          //必须每个执行后跟 break
        default:
            out.println("error");
    }
%>
```

输出结果：A

结合上述实例，需要注意以下几个问题：

- switch 是一个关键词，里面的变量（如 i）只能是 int 类型，可以是直接的 int 值，也可以是能转换为 int 的值（如 char、short 等，见 4.2.5 节）。

- 每个执行语句后面必须跟 break 语句，如果不加 break，那么会将下一个 case 语句的结果也打印出来，即结果将会是 AB，导致 case 穿透。关于 break 的用法在后面会有详细介绍。
- default 可以省略，但不推荐省略。

4.4.2　循环语句：for 语句、while 语句和 do while 语句

循环语句是指循环执行某一段话。循环语句主要有三种，第一种是 for 语句，第二种是 while 语句，第三种是 do while 语句，其中前两种语句最常用。

1．for 语句

for 语句中有三个表达式，语法结构如下：

```
for（表达式 1;表达式 2;表达式 3）
{
    执行语句;
    …;
}
```

实现过程：首先计算表达式 1，接着执行表达式 2，若表达式 2 的值为 true，则执行语句，接着计算表达式 3，再判断表达式 2 的值，依次重复下去，直到表达式 2 的值为 false，如图 4.2 所示。

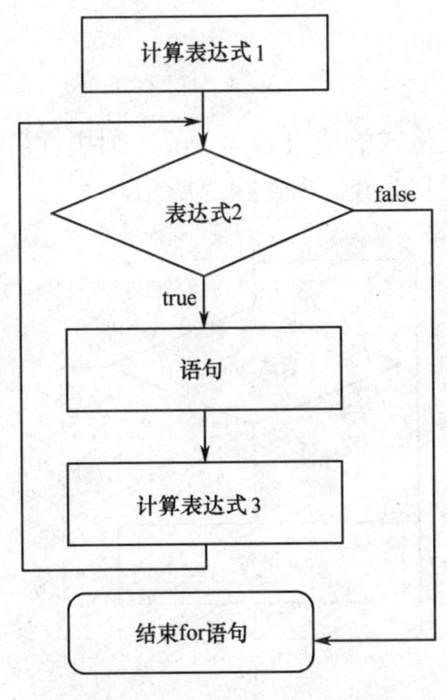

图 4.2　for 语句循环流程图

应用实例：

```
<%
    long result=0;
```

```
        long f=1;
        for(int i=1;i<=10;i++){
            f=f*i;
            result+=f;
        }
        out.print("result="+result);   //结果就是计算 1!+2!+3!+…+10!，值是 4037913
    %>
```

【举一反三】采用 for 循环计算 1+3+5+7+…+99 的值，并输出计算结果。

提示：部分主要代码如下。

```
    <%
        long result=0;
        for(int i=1;i<=99;i+=2){
            result+=i;
        }
        out.println("result="+result);
    %>
```

2．while 语句

while 语句的语法结构如下：

```
    while(逻辑表达式)
    {
        语句;
        …
    }
```

实现过程：先判断逻辑表达式的值，若为 true，则执行后面的语句，然后再次判断条件并反复执行，直到条件不成立为止，如图 4.3 所示。

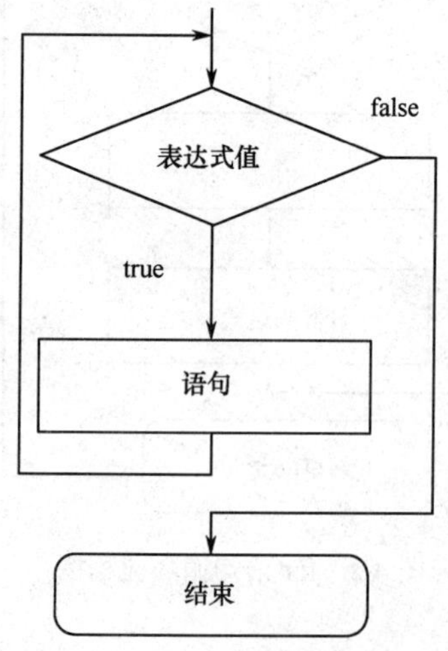

图 4.3　while 语句循环流程图

应用实例：

```
<%
    int i=0;
    while(i<10){
        out.print(i);
        i++;
    }
%>
```

打印结果：0 1 2 3 4 5 6 7 8 9

3．do while 语句

语法结构如下：

```
Do{
    执行语句;
    …
}
while(逻辑表达式);          //注意，后面有个分号
```

实现过程：先执行语句，再判断逻辑表达式的值，若为 true，则执行语句，否则循环结束，如图 4.4 所示。

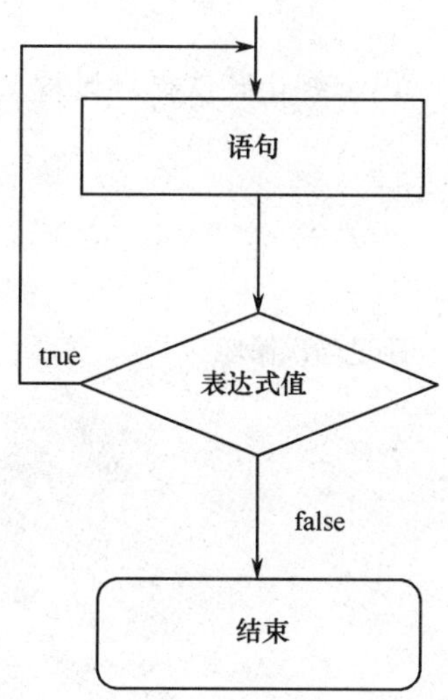

图 4.4　do while 语句循环流程图

应用实例：

```
<%
    int i=0;
    i=0;
    do{
        i++;
        out.print(i);
```

```
        }while(i<10);      //注意有分号
    %>
```

打印结果：1 2 3 4 5 6 7 8 9 10

可见，do while 语句与 while 语句的区别在于 while 可能一次也不执行，但 do while 至少能执行一次，一般 do while 语句很少用。

【知识扩展】循环体中的两个语句：break 与 continue 语句。

- break 语句

break 语句用于终止某个语句块的执行，用在循环体内，可以强行退出循环。例如：

```
<%
    int stop=5;
    for(int i=1;i<=9;i++){
        //当 i 等于 stop 时，退出循环
        if(i==stop){
            break;
        }
        out.print(i);
    }
%>
```

输出结果：1 2 3 4

- continue 语句

continue 语句用在循环体内，用于终止某次循环过程，即跳过此次循环，开始下一次循环过程。例如：

```
<%
    int stop=3;
    for(int i=1;i<=5;i++){
        //当 i 等于 stop 时，跳过当次循环
        if(i==stop){
            continue;
        }
        out.print(i);
    }
%>
```

输出结果：1 2 4 5

【举一反三】根据所学 break 与 continue 语句，读者可以计算下面两个实例。

- 输出 1～50 内前 3 个可以被 2 整除的数。

提示：

```
<%
    int n=0,i=1;
    while(i<=50){
        if(i%2==0){
```

```
                out.print(i);
                n++;
            }
            if(n==3){
                break;
            }
            i++;
        }
    %>
```

- 输出 1～100 内的质数。

提示：

```
    <%
        for(int i=1;i<100;i++){
            boolean f=true;
            for(int j=2;j<i;j++){
                if(i % j==0){
                    f=false;
                    break;
                }
            }
            if(!f){
                continue;
            }
            out.print(i);
        }
    %>
```

第 5 章　JSP 内置对象

【学习目标】

通过本章的学习，应能够：

- 了解 out 对象的用法
- 掌握 request 对象的用法
- 掌握利用 request 对象获取常见表单控件值的方法
- 了解解决在信息获取时出现中文乱码的方法
- 掌握 response 对象的用法
- 掌握 session 对象的用法
- 了解 Cookie 的用法
- 熟悉 application 对象的用法
- 掌握利用内置对象实现简单的登录程序语句的方法

为了便于开发 Web 应用程序，在 JSP 页面中内置了一些默认的对象，这些对象可以直接使用，分别为 request（请求对象）、response（响应对象）、out（输出对象）、session（会话对象）、application（应用程序对象）、config（配置对象）、pageContext（页面上下文对象）、page（页面对象）和 exception（异常对象）等 9 个内置对象。本章将主要介绍其中的 out、request、response、session 和 application 这 5 个内置对象的使用方法。

5.1　out 对象

out 对象的主要作用是在客户端 Web 浏览器内输出信息。

常用方法，如 out.print（各种类型的变量或字符串）。通常有以下两种输出结构。

1．输出某个变量值

```
<%
    String username="张三";
    out.print(username);
%>
```

2．输出字符串值

```
<%
    for(int i=0;i<10;i++)
    out.println("c");
%>
```

【友情提示】 JSP 标签与注释。

JSP 代码要放在成对出现的“<%　%>”标签之间，如<% 语句; %>。如果想注释 JSP 代码，则需要将代码放在成对出现的“<%--　--%>”标签之间，如<%-- 语句; --%>，或者使用“//注释内容”方式注释 JSP 代码。使用 JSP 标签时，需要注意以下三个问题。

- <%与%>不能嵌套使用，如：

```
<%
    String a="Hello";
<%
    int b=3;
%>
%>
```

会出现错误。

- 在<%与%>之间不能插入 HTML 语言，如：

```
<%
    <p>Hello World</p>
%>
```

会出现错误。

- JSP 标签都要成对使用，如<% %>，对于初学者很容易犯这个错误，要特别留意。

【知识扩展】 输出变量值的另一种表达方式。

通常很少使用 out 对象输出信息，而最常用的一种表达方式是<%=变量%>，如：

```
<%
    String username="张三";
%>
<%=username%>
```

便可以输出 username 变量值。

注意：“<%”和“=”之间不能有空格。

5.2　request 对象

request 对象的主要作用是获取客户端通过 HTML 表单传递过来的数据。常用方法如下：

```
<%
    request.getParameter("表单中控件的名称");    //获取表单提交信息
%>
```

或

```
<%
    request.getParameters("表单中控件的名称");
        //获取同一个参数名所对应的所有参数值，如复选框
%>
```

HTML 表单是 HTML 支持用户在页面输入信息的方法，它提供了文本框、单选钮、

复选框、下拉菜单等控件，方便和简化用户的输入。表单可以与 JSP 页面配合使用，实现交互。

5.2.1 表单格式

所有的表单都由“<form>…</form>”构成，这是一个容器标签，在这组标签之间的内容构成了整个表单。

表单的基本结构如下：

```
<form action = "login.jsp" method="post">
    姓名：<input type="text" name="username" size="20">
        ...
    <input type="submit" value="提交" name="B1">
    <input type="reset" value="重写" name="B2">
</form >
```

- action 的值被表单提交到服务器后，用于处理该表单的页面 URL 地址。
- method 设置表单的提交方式，值可以为 get 或 post，其中 get 方式提交的数据会出现在 URL 地址栏中，而一般的浏览器都有自动记录地址的功能，所以使用 get 方式提交的数据具有不安全性。另外，get 方式只能提交文本类型的数据，不能提交图片、视频或动画等数据，而 post 方式没有数据类型和数据量的限制。因此，通常采用 post 方式提交。
- 在表单的最后通常有两个按钮，submit 是提交按钮，单击后向服务器递交表单，reset 是重置按钮，单击后清除表单信息。

5.2.2 HTML 表单控件及获取值方法

表单中可以包括各种控件，表单通过这些控件传送数据。常见的表单控件有：文本框、单选钮、复选框、按钮、列表框、下拉框、多行文本框等，如表 5.1 所示。

表 5.1 表单控件

type 的属值	描　述	相关属性设置
Text	单行文本框	name,size,maxlength,value
password	密码框（属于单行文本框特例）	name,size,maxlength,value
radio	单选钮	name,value,checked
checkbox	复选框	name,value,checked
select	列表/菜单	name,value,size, selected
textarea	多行文本框	name,cols,rows
submit	提交按钮	name,value
reset	重置按钮	name,value
button	命令按钮	name,value
hidden	隐藏域	name,value

- name：控件名称，JSP 使用 name 属性识别表单传递过来的数据来自哪一个控件。
- value：文本框和密码框通过 value 属性设定显示的初始值；单选钮和复选框通过 value 属性设置表单递交时的实际传送值；按钮通过 value 属性设置按钮上显示的文本。
- 文本框 text：<input type="text"…>
- 密码框 password：<input type="password"…>

密码框的使用方法与文本框基本相同，只是用户输入字符时，不显示字符而显示*，以保护密码。

1．获取单行文本框（text）值

（1）单行文本框表单提交信息（register.jsp，如图 5.1 所示）。

```
<html>
…
<form action="registerok.jsp" method="post" name="form">
        用户名：
        <input type="text" name="username" ><br>
        <input type="submit" value="注册" name="submit">
</form>
…
</html>
```

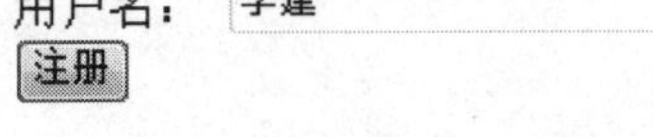

图 5.1　单行文本框页面

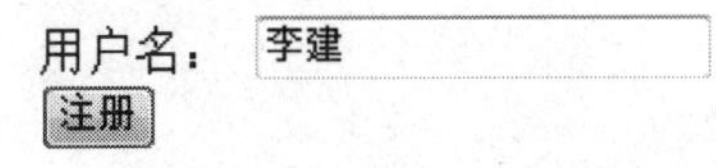

（2）获取信息并输出信息（registerok.jsp）。

```
<%
    String username=request.getParameter("username");
%>
<%=username%>      //结果是：李建
```

【知识扩展】解决中文乱码问题。

当用 request 对象获取客户提交的汉字字符时，会出现乱码问题（如出现????）。这是因为浏览器默认使用 UTF-8 编码方式发送请求，不能识别中文字符。目前主要存在以下两种情况。

第一种情况：解决只适用于 post 方式表单请求中文信息。

在获取表单值前加如下代码：

```
<%
    request.setCharacterEncoding("utf-8");
    String username=request.getParameter("username");
%>
```

第二种情况：适用于超链接网址后跟“？变量=值”传递值和适用于 post 等所有方式。

例如：

```
<a href="userinfo.jsp?username=张三">个人信息</a>
```

在 userinfo.jsp 页面中读取 usernanme 值并解决中文乱码问题：

```
<%
    String username =request.getParameter("username ");
    username =new String(username.getBytes("8859_1"),"utf-8");
%>
<%=username %>        //显示张三
```

2．获取单选钮（radio）值

一组单选钮只能有一个被选中，因而一组单选钮只能有一个名称。

（1）单选钮表单提交信息（register.jsp，如图 5.2 所示）。

```
<html>
…
<form action="registerok.jsp" method="post" name="form">
    性别：
    <input type="radio" name="userxb" value="男" checked="checked" />男
    <input type="radio" name=" userxb " value="女" />女<br>
    <input type="submit" value="注册" name="submit">
</form>
…
</html>
```

性别： ◉男 ◎女

注册

图 5.2　单选钮页面

（2）获取信息并输出信息（registerok.jsp）。

```
<%
    request.setCharacterEncoding("utf-8");
    String userxb=request.getParameter("userxb");
%>
<%=userxb %>       //结果是：男
```

【友情提示】理解单选钮相关属性。

- value 属性：表单提交时的实际传递值。
- checked 属性：设置初始选中状态。

3．获取复选框（checkbox）值

复选框提供对一个问题的多个选择项。一组复选框中，每一个复选框既可以作为一个独立的控件，name 属性值各不相同，同时也可以将所有复选框的 name 属性值设为一致，通常情况下采用后者。

（1）复选框表单提交信息（register.jsp，如图 5.3 所示）。

```
<html>
…
<form action="registerok.jsp" method="post" name="form">
    爱好：
    <input type="checkbox" name="userlike" value="篮球" />篮球
    <input type="checkbox" name="userlike" value="音乐" />音乐
    <input type="checkbox" name="userlike" value="读书" />读书
    <br>
    <input type="submit" value="注册" name="submit">
</form>
…
</html>
```

爱好：☑篮球 ☐音乐 ☑读书
注册

图 5.3　复选框页面

（2）获取信息并输出信息（registerok.jsp）。

获取信息：

```
<%
    request.setCharacterEncoding("utf-8");
    String[] userlike=request.getParameterValues("userlike");
        //注意：getParameterValues 后面加一个字符 s，可获得指定参数成组信息
%>
```

输出信息：

```
<%
    if(userlike!=null){
        out.println("您的爱好是：");
        for(int i=0;i< userlike.length;i++){
            out.print(userlike[i]+" ");
        }
    }
%>
```

结果是：篮球 读书

【友情提示】复选框信息接受使用字符串数组形式，且输出时要预先使用 if 语句判断是否有选择项，输出的结果是在有选择项的前提下进行的，否则 JSP 页面会出现异常。

4．获取列表框（select）值

select 标签创建一个列表框，列表框的每一个选项都由<option>元素描述，在一个下拉列表框中至少要包含一个 option 元素。select 标签分为单选菜单和多选列表菜单两项功能。

1）单选菜单

（1）单选菜单表单提交信息（register.jsp，如图 5.4 所示）。

```
<html>
…
<form action="registerok.jsp" method="post" name="form">
    所在城市：
    <select name="city">
        <option value="大连">大连</option>
        <option value="北京">北京</option>
    </select>
    <br>
    <input type="submit" value="注册" name="submit">
</form>
…
</html>
```

所在城市： 大连
注册 大连 北京

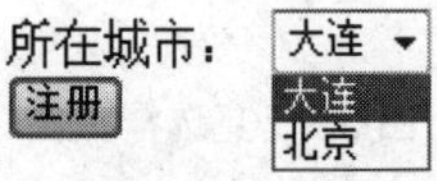

图 5.4　单选菜单页面

（2）获取信息并输出信息（registerok.jsp）。

获取单选菜单提交的信息：

```
<%
    request.setCharacterEncoding("utf-8");
    String city=request.getParameter("city");
%>
```

输出信息：

```
<%=city%>      //结果是大连
```

2）多选列表菜单

（1）多选列表菜单表单提交信息（register.jsp，如图 5.5 所示）。

```
<html>
…
<form action="registerok.jsp" method="post" name="form">
    所在城市：
    <select name="city" size="2" multiple="MULTIPLE">
        <option value="大连" selected="selected">大连</option>
        <option value="北京">北京</option>
    </select>
    <br>
    <input type="submit" value="注册" name="submit">
</form>
```

```
...
</html>
```

图 5.5　多选列表菜单页面

（2）获取信息并输出信息（registerok.jsp）。

获取多选列表菜单提交的信息：

```
<%
    request.setCharacterEncoding("utf-8");
    String[] city=request.getParameter("city");
%>
```

输出信息：

```
<%
    if(city!=null){//必须做判断，否则 JSP 页面出现异常
        for(int i=0;i<city.length;i++){
            out.println(city[i]);
        }
    }
%>
```

结果是：大连 北京

【友情提示】关于列表菜单的相关属性。

- size 属性指定同时显示信息的数目，当 size 等于 2 时，同时显示 2 条信息，如图 5.5 所示。
- multiple 属性指定选项可以多选（按“Ctrl”键进行多项选择）。
- selected 指定该列表项默认被选中。

5．获取多行文本框（textarea）值

<textarea>标签用于创建一个多行输入的文本框。

（1）多行文本框表单提交信息（register.jsp，如图 5.6 所示）。

```
<html>
...
<form action="registerok.jsp" method="post" name="form">
    用户介绍：
    <textarea name="usercomment" cols="30" rows="5"></textarea><br>
    <input type="submit" value="注册" name="submit">
</form>
...
</html>
```

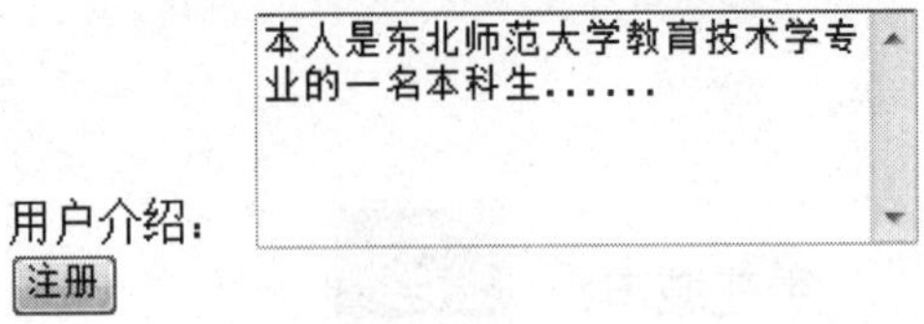

用户介绍：本人是东北师范大学教育技术学专业的一名本科生......
注册

图 5.6　多行文本框页面

（2）获取信息并输出信息（registerok.jsp）。

获取多行文本框提交的信息：

```
<%
    request.setCharacterEncoding("utf-8");
    String usercomment =request.getParameter("usercomment ");
%>
```

输出信息：

```
<%= usercomment %>
    //结果是：本人是东北师范大学教育技术学专业的一名本科生……
```

【友情提示】理解多行文本框相关属性。

- 多行文本框中没有 value 属性。
- cols 和 rows 指定多行文本框的宽度和高度。

6．获取隐藏域（hidden）值

隐藏域是表单中唯一不可见的元素，可以利用隐藏域定义并存放一些不需要显示的数据。隐藏域的数据也可以作为表单元素进行传递，在一个表单中可以有多个隐藏域，数目不限。

（1）隐藏域表单提交信息（register.jsp）。

```
<html>
…
<form action="registerok.jsp" method="post" name="form">
    …
    <input type="submit" value="注册" name="submit">
    <input type="hidden" value="您好" name="userwelcome">
</form>
…
</html>
```

（2）获取信息并输出信息（registerok.jsp）。

获取隐藏域提交的信息：

```
<%
    request.setCharacterEncoding("utf-8");
    String userwelcome =request.getParameter("userwelcome ");
%>
```

输出信息：

```
<%= userwelcome %>        //结果是：您好
```

【友情提示】隐藏域的作用：在表单中，通常利用隐藏域将一个已知变量值传递到下一页中。

7．提交按钮 submit、复位按钮 reset 和命令按钮 button

提交按钮和复位按钮是系统内部按钮，提交按钮的作用是将表单中的信息发送出去，复位按钮的作用是返回表单初始状态。

命令按钮（type="button"）通常要通过命令运行客户端的脚本程序，如 VBScript、JavaScript。在客户端编写程序代码完成相应功能，如判断输入信息、action 提交转向等。例如，判断输入用户名不能为空，实现代码如下：

```
<html>
…
<head>
<script type="text/javascript">
function check()
{
    if(document.uname.username.value=="")
    {
        alert("不能为空");
        document.uname.username.focus();
        return false;
    }
    uname.action="registerok.jsp";
    uname.submit();
    return true;
}
</script>
</head>
<body>
<form name="uname" method="post">
    请输入用户名：<input type="text" name="username">
    <input type="button" value="提交" onclick="check()">
</form>
</body>
</html>
```

注意：关于 JavaScript 的用法将在本书 6.3.4 节进行详细讲解，这里就不介绍了。

【友情提示】submit 和 button 的区别。

使用 submit 只能实现一个 form 的一个页面提交，若想在一个 form 实现多个页面提交，则最好使用 button。

此外还需要记住，使用 button 时，form 中不需要有 action，但是必须指定 method="post"，如下：

```
<form name="uname" method="post">
...
<input type="button" name="Submit" value="注册 1" onclick="check1()">
<input type="button" name="Submit" value="注册 2" onclick="check2()">
---------------------------------
<script type="text/javascript">
    function check1(){
        uname.action="registersuccess1.jsp"
        uname.submit();
    }
    function check2(){
        uname.action="registersuccess2.jsp"
        uname.submit();
    }
</script>
</form>
```

8．表单信息获取的综合应用

下面实例通过 request 对象中的常用方法获取上述所学表单控件中的各类信息。

（1）注册页（register.jsp），如图 5.7 所示。

```
...
<body>
<h1>用户注册</h1><br>
<form action="registerok.jsp" method="post">
    姓名：<input type="text" name="username"/><p>
    密码：<input type="password" name="userpass"/><p>
    性别：<input type="radio" name="userxb" value="男" checked="checked" />男
          <input type="radio" name=" userxb " value="女" />女<p>
    爱好：<input type="checkbox" name="userlike" value="篮球" />篮球
          <input type="checkbox" name="userlike" value="音乐" />音乐
          <input type="checkbox" name="userlike" value="读书" />读书<p>
    城市：<select name="city">
          <option value="大连">大连</option>
          <option value="北京">北京</option>
          </select><p>
    介绍：<textarea name="usercomment" cols="30" rows="5"></textarea><p>
          <input type="submit" name="Submit" value="提交"/>
  </form>
  </body>
...
```

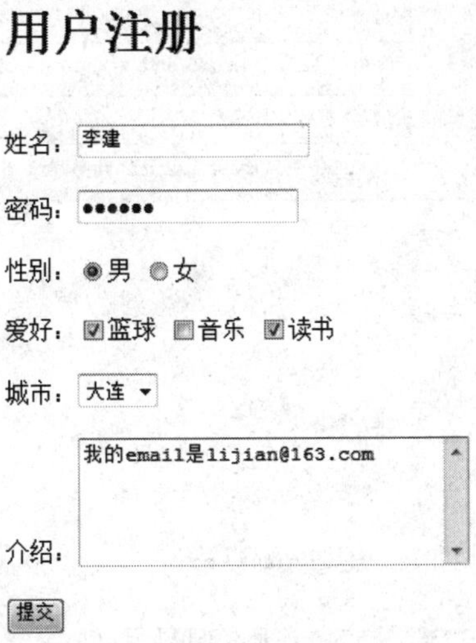

用户注册

姓名：李建

密码：●●●●●●

性别：◉男 ◎女

爱好：☑篮球 ☐音乐 ☑读书

城市：大连

介绍：我的email是lijian@163.com

提交

图 5.7　注册页面

（2）注册信息获取页（registerok.jsp），如图 5.8 所示。

```
…
<body>
<%
    request.setCharacterEncoding("utf-8");
    String username=request.getParameter("username");
    String userpass=request.getParameter("userpass");
    String userxb=request.getParameter("userxb");
    String[] temp =request.getParameterValues("userlike");
    String userlike="";
    if(userlike!=null){
        for(int i=0;i< temp.length;i++){
            userlike=userlike+temp[i]+" ";
        }
    }
    String city=request.getParameter("city");
    String usercomment=request.getParameter("usercomment");
%>
姓名：<%=username%><p>
密码：<%=userpass%><p>
性别：<%=userxb%><p>
爱好：<%=userlike%><p>
城市：<%=city%><p>
介绍：<%=usercomment%><p>
</body>
…
```

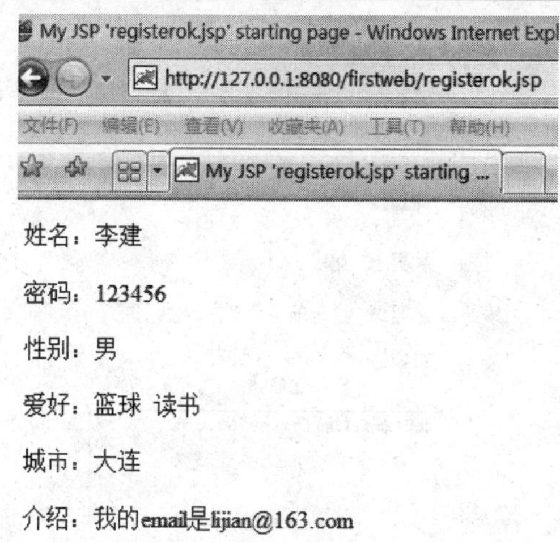

图 5.8　注册信息显示页

【友情提示】password 类型文本框。

通常情况下设置密码时，需要将其隐藏显示*，以保护密码。所以，此时可把输入密码的文本框类型设置为“password”。

【知识扩展】利用 request 对象获取 IP 地址判断用户的合法性。

通过 request 对象的另一种方法 getRemoteAddr()能够获取客户的 IP 地址，根据客户的 IP 地址能够判断出该客户是否在设定 IP 段内，如果在则说明是合法用户，否则显示为非法用户。例如：

```
<%
    String ip=request.getRemoteAddr();
    if(ip.substring(0,7).equals("192.168")){
        out.print("合法用户");
    }
    else{
        out.print("非法用户");
    }
%>
```

上面实例中有两个需要注意的问题。

- 在 if 判断语句中，字符串的比较，一定要使用 equals 方法，而不能使用“==”。
- substring 的用法：substring(int beginIndex,int endIndex)，返回该字符串从 beginIndex 开始到 endIndex 结尾的子字符串。

5.3　response 对象

response 对象和 request 对象是相辅相成的，response 对象的主要作用是服务器端回应客户端请求，向客户端发送信息。主要功能是实现重定向（页面跳转）、设置头信息。

5.3.1　页面重定向

语法结构：

```
<%
    response.sendRedirect("url");
%>
```

例如，在表单 login.jsp 页面中输入用户名，提交后进行判断，如果输入的用户名为“admin”则跳转到成功页（success.jsp），否则跳转到失败页（error.jsp）。

1．表单提交信息（login.jsp）

```
<html>
…
<form action="loginok.jsp" method="post" name="form">
    用户名：
    <input type="text" name="username" >
    <input type="submit" value="提交" name="submit">
</form>
…
</html>
```

2．获取信息并重定向（loginok.jsp）

```
<%
    request.setCharacterEncoding("utf-8");
    String username=request.getParameter("username");
    if(username.equals("admin")){
        response.sendRedirect("success.jsp");    //成功页面
    }
    else
    {
        response.sendRedirect("error.jsp");      //失败页面
    }
%>
```

【友情提示】 equals 的用法。

当比较某个变量是否等于某个字符串类型值时，需要采用 equals 方法进行判断，方法是：变量.equals("字符串值")。

5.3.2　设置头信息

response 对象在设置头信息时最重要的一个应用是 refresh(刷新)，实现页面刷新跳转。语法结构如下：

```
response.setHeader("refresh","时间(秒); URL=网页")
```

例如，在失败页 error.jsp 中，页面显示“登录失败，3 秒后页面自动转到登录页”，代码如下：

```
…
<body>
     登录失败，3 秒后页面自动转到登录页。
<%
     response.setHeader("refresh","3;URL=login.jsp");      //3 的单位是秒
%>
</body>
…
```

5.4 session 对象

session 对象用于保存变量信息，直到它的生命周期（默认 900s）超时或被人释放掉为止。常用方法如下。

- 向 session 中设值的方法：session.setAttribute("变量","值");
- 从 session 中取值的方法：session.getAttribute("变量");

5.4.1 session 对象值的设置与读取

例如，在表单提交页（login.jsp)输入用户名，如“李建”，则将用户名设到 session 中，同时重定向到成功页 success.jsp，在此页取出 session 值，读出用户名“李建”。

1．表单提交信息（login.jsp）

```
<html>
…
<form action="loginok.jsp" method="post" name="form">
     用户名:
     <input type="text" name="username" >
     <input type="submit" value="提交" name="submit">
</form>
…
</html>
```

2．实现获取用户名信息、设定 session 值并重定向（loginok.jsp）

```
…
<%
     request.setCharacterEncoding("utf-8");
     String username=request.getParameter("username");
```

```
        if(username.equals("李建")){
            session.setAttribute("username", username);          //设定 session 值
            response.sendRedirect("success.jsp");}
        else
        {
            response.sendRedirect("error.jsp");
        }
%>
…
```

3．成功页读取 session 值（success.jsp）

```
<html>
…
<%=session.getAttribute("username") %>,欢迎您!
…
</html>
```

显示结果为：李建，欢迎您！

5.4.2　session 注销

session 信息是保存在服务器上的，安全但占资源，尽量少使用 session 保存信息或将用过的 session 注销。如果 session 失效，则保留在 session 的全部操作也失效。session 失效的方法主要有以下两种。

（1）自动失效：如果 session 长时间不被使用（长时间不去操作某个程序），则会自动失效。

（2）手动操作：采用 session.invalidate()方法，代码如下。

```
index.jsp 页面
…
<a href="logout.jsp">注销</a>
…
logout.jsp 页面
…
<%
    session.invalidate();            //注销 session 所有相关信息
    response.sendRedirect("login.jsp");
%>
…
```

【友情提示】设置 session 的“发呆”时间。

session 对象的生存期限依赖于客户是否关闭浏览器或 session 对象达到了最大的“发呆”时间。“发呆”时间是指用户对某个 web 服务目录发出的两次请求之间的间隔时间。

设置方法：修改 Tomcat 服务器下的 Tomcat 6.0\conf\Web.xml 可以重新设置各个 Web

服务目录下的 session 的最长发呆时间。

```
<session-config>
    <session-timeout>30</session-timeout>
</session-config>
```

其中，数值 30（单位：分钟）就是默认 session 对象保留信息的时间长度，用户可以根据需要自行修改。

【知识扩展】 Cookie——用于保存用户信息的另一种方法。

1. Cookie 的概念

Cookie 是服务器暂存在客户机硬盘上的一些信息，用来记录用户的身份或访问网站的记录。当客户再次访问同一个服务器时，浏览器会将这些信息发给服务器，从而使服务器能够识别用户并显示用户的访问记录。

2. Cookie 的用法

Cookie 的用法要结合 request 对象和 response 对象来实现，主要分以下两部分。

第一部分： 将 Cookie 写入客户端，要结合 response 对象来实现。

- 创建 Cookie 对象；
- 设定 Cookie 的属性（一般设置 Cookie 的有效期）；
- 调用 response.addCookie(Cookie c)方法将其写入客户端。

代码如下：

```
<%
    Cookie c=new Cookie("Cookie 名字","值");
    c.setMaxAge(30);              //Cookie 的有效期为 30 秒
    response.addCookie(c);        //将 Cookie 写入客户端
%>
```

第二部分： 从 HTTP 请求中读取 Cookie，结合 request 对象来实现。

代码如下：

```
<%
    Cookie a[]=request.getCookies();
        //创建一个 Cookie 对象数组，可能存在多个 Cookie
    for(int i=0;i<a.length;i++)
    {
        if(a[i].getName().equals("Cookie 名字")){
        //可能有多个 Cookie 值需要读取，则要判断选择读取的 Cookie 值
            String name=(String)(a[i].getName());
            String value=(String)(a[i].getValue());
            out.println(name+":"+value);
        }
    }
%>
```

注意： getName()方法获取 Cookie 的名字；getValue()方法获取 Cookie 的值。

3．Cookie 应用实例

在表单提交页（login.jsp）输入用户名，如“李建”，则将用户名设定到 Cookie 中，同时重定向到成功页 success.jsp，在此页读取 Cookie 值，输出用户名“李建”。

（1）表单提交信息(login.jsp)。

```
<html>
…
<form action="loginok.jsp" method="post" name="form">
    用户名：
    <input type="text" name="username" >
    <input type="submit" value="提交" name="submit">
</form>
…
</html>
```

（2）实现获取用户信息、设定 Cookie 值并重定向页（loginok.jsp）。

```
…
<%
    request.setCharacterEncoding("utf-8");
    String username=request.getParameter("username");
    if(username.equals("李建")){
        //创建 Cookie 开始
        Cookie un=new Cookie("username",java.net.URLEncoder.encode(username));
        //解决 Cookie 值中文乱码问题
        un.setMaxAge(30);
        response.addCookie(un);
        //创建 Cookie 结束
        response.sendRedirect("success.jsp");}
    else
    {
        response.sendRedirect("error.jsp");
    }
%>
…
```

（3）成功页读取 Cookie 值(success.jsp)，如图 5.9 所示。

```
<html>
…
<%
    Cookie a[]=request.getCookies();
    for(int i=0;i<a.length-1;i++)
    {
        if(a[i].getName().equals("username")){
            String name=(String)(a[i].getName());
```

```
                String value=(String)(java.net.URLDecoder.decode(a[i].getValue()));
                //解决 Cookie 值中文乱码问题
                out.print(name+":"+value);
            }
        }
    %>,欢迎您!
    ...
    </html>
```

图 5.9 Cookie 值显示

注意：利用 java.net.URLEncoder.encode()和 java.net.URLDecoder.decode()解决 Cookie 存取值的中文乱码问题。

4．Cookie 与 session 的区别与联系

相同点：二者都具有保存用户信息的功能。

不同点：

- 存放地点。Cookie 存放在客户端的硬盘里，属于离线存放；而 session 存在服务器的内存中。
- 存放时间。Cookie 可以长期存放在客户端，具体存放时间由 setMaxAge()方法所指定的数值决定；session 随用户访问服务器而产生，随客户超时或下线而消失。
- 安全性。Cookie 存放在客户端，可能会被别有用心的网站读取，安全性较差；而 session 存在服务器的内存中，用户不能修改，且随客户端浏览器的关闭而消失，安全性较好。

5.5 application 对象

application 对象实现了用户间的数据共享，可存放全局变量。它开始于服务器的启动，直到服务器的关闭而消失，这点与 session 对象不同，浏览器关闭了，session 就会自动消失了。常用方法如下。

- 向 application 中设值方法：application.setAttribute("变量","值");注意，值一定是 Object 类型，即是一个对象。
- 从 application 中取值方法：application.getAttribute("变量");

为了使读者更好地理解并掌握 application 的用法，下面举两个非常经典的实例来进行说明：网页计数器和简易聊天室。

5.5.1　JSP+application 实现网页计数器

由于 application 一直存在于服务器端，所以可以利用此特性对网页计数。首先，设置 int 类型的变量 number，并将该对象初始化为 1。然后，通过 application 中的 getAttribute() 方法获取 number 对象，并判断该对象是否为 null，如果不为 null，则将获取的内容赋值给 number 变量。最后，将该变量自动加 1 并显示在页面中。实现代码如下（index.jsp）：

```
…
<body>
<%
    int number=0;
    if(null!=application.getAttribute("number")){
        number=Integer.parseInt(application.getAttribute("number").toString());

    }
    number++;
    application.setAttribute("number",String.valueOf(number));
    //注意：这里不能直接写 number
%>
您是第<%=application.getAttribute("number")%>位访问者
</body>
…
```

以上代码可对访问网页的人员计数，其结果如图 5.10 所示。

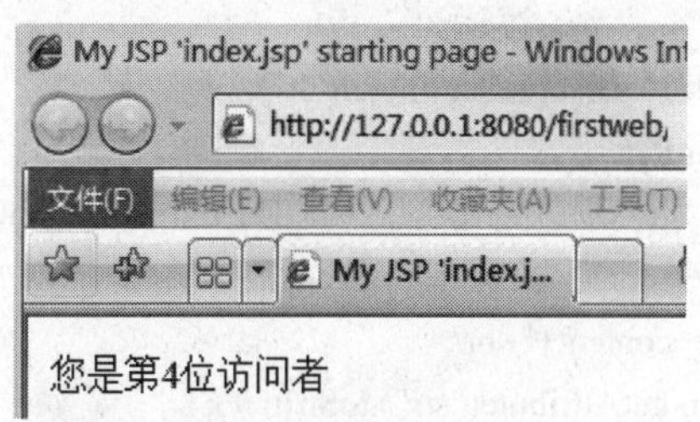

图 5.10　网页计数

注意：当浏览器关闭时，再次访问该网页时，访问次数继续增加。

5.5.2　JSP+application 实现简易聊天室

利用 JSP+application 实现简易聊天室，首先在登录界面需要为用户命名，然后单击“进入”按钮，便可以在聊天室中发送聊天信息，代码实现过程如下。

（1）用户名登录界面（chatlogin.jsp），如图 5.11 所示。

```
…
<h1>登录聊天室</h1>
<form action="chatok.jsp" method="post">
```

```
        用户名: <input type="text" name="userName"/>
                <input type="submit" value="进入"/>
</form>
...
```

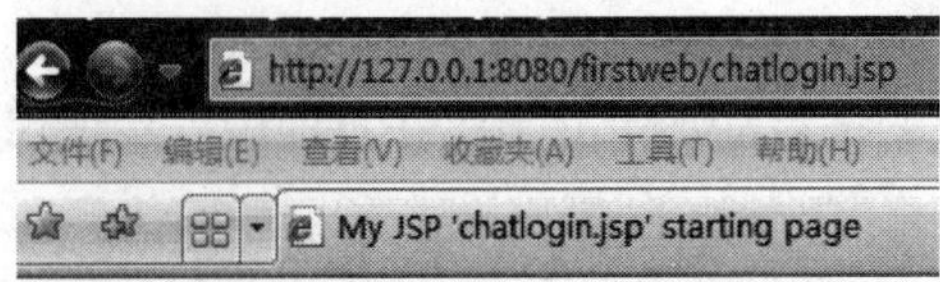

图 5.11 聊天室登录界面

（2）聊天室（chatok.jsp），如图 5.12 所示。

```
...
<body>
<%
    request.setCharacterEncoding("utf-8");
    String userName=request.getParameter("userName")+":";
    String str="";
    String un="";
    try{

        String content=request.getParameter("lt");
        if(content==null){
            content="进入聊天室";          //目的是不想看到 null 字样
        }
        str=userName+content+"<br/>";
        un=application.getAttribute("str").toString();
    }catch(Exception e){

        un="";
        str="";
    }finally{
        application.setAttribute("str",(un+str));
    }
%>

<form action="chatok.jsp" method="post">
<table border="1">
<tr height="200px">
```

```
<td>
<%=un+str %>
</td>
</tr>
<tr height="40px">
<td>
        <input type="text" name="lt"/>
        <input type="submit" value="发送"/>
        <input type="hidden" name="userName"
        value="<%=userName.substring(0,userName.indexOf(":"))%>">
</td>
</tr>
</table>
</form>
</body>
…
```

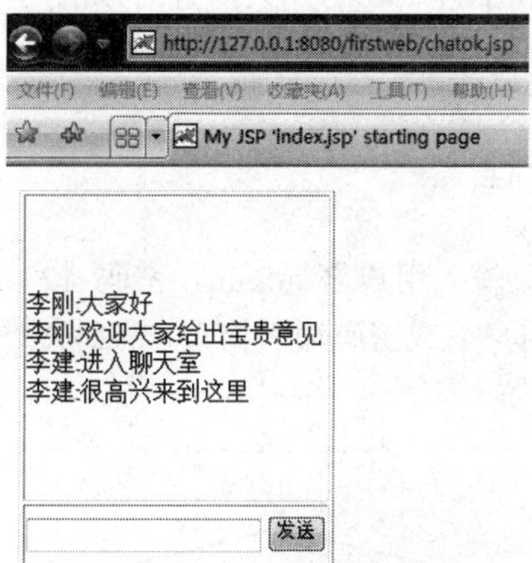

图 5.12　聊天室界面

【友情提示】利用 JSP+application 开发简易聊天室时值得注意的两个问题。

问题 1：<%=userName.substring(0,userName.indexOf(":"))%>，语句实现的功能是永远只保留一个“:”号，主要使用 indexOf 方法、substring 方法来实现，其中 indexOf(String str,int fromIndex)的作用是返回字符串中从 fromIndex（默认是从 0 开始）开始出现 str 的第一个位置；substring(int beginIndex,int endIndex)，返回该字符串从 beginIndex 开始到 endIndex 结尾的子字符串。

问题 2：异常的捕获与处理。

异常的捕获与处理，通常需要由 try{…}catch{…}来实现，一般采用固定格式套用，语法结构如下：

```
try{
    //try 内写可能会抛出异常的语句
}catch（Exception e）{
```

```
        //处理异常
    }
    …
    catch(eException2 e){
        //处理异常
    }finally {//是指不管是否产生异常，finally 中的代码都会执行
    }
```

这里，大家只需了解异常的捕获与处理格式即可。

到此，关于 JSP 的 out、request、response、session 和 application 五个内置对象的用法就介绍完了，而剩余的四个内置对象 config、pageContext、page 和 exception 不经常使用，就不做介绍了。

5.6 利用 JSP 内置对象实现简单的登录程序

为了使大家更好地理解和掌握 JSP 的几大内置对象的用法，本节将以一个简单的用户登录程序为例，实现过程如下。

5.6.1 程序要求及页面流程

用户完成登录功能：如果输入用户名 admin，密码 123，表示用户为合法用户，则跳转到成功登录页，否则表明用户名或密码输入错误，转到失败页。页面流程如图 5.13 所示。

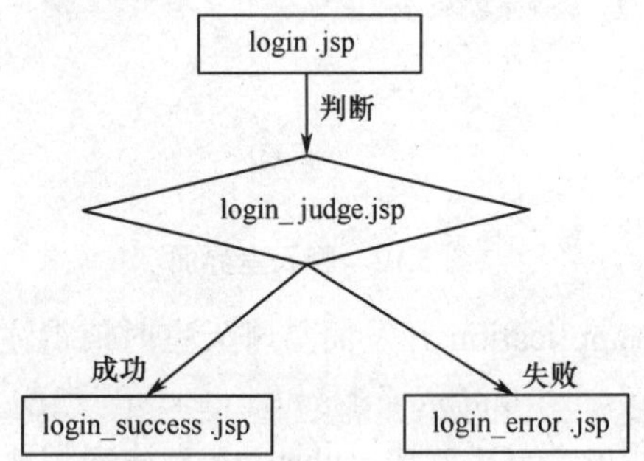

图 5.13 用户登录页面流程

5.6.2 页面分析

（1）login.jsp：输入用户名和密码信息。

（2）login_judge.jsp：接收信息，判断信息，指向相应页面。

（3）login_success.jsp：成功页面，显示欢迎用户。

（4）login_error.jsp：失败页面，做一个超链接能转向到登录页。

5.6.3　程序实现

1．登录页面（login.jsp，如图 5.14 所示）

在登录页面中，用户需要输入正确的用户名“admin”和密码“123”，才可以成功登录。代码如下：

```
<h1>登录系统</h1><br>
<form action="login_judge.jsp" method="post">
    用户名：<input type="text" name="username"><br>
    密码：<input type="password" name="userpass"><br>
            <input type="submit" name="submit" value="登录"><br>
</form>
```

图 5.14　登录界面

2．判断页面（login_judge.jsp）

采用 request 对象的 getParameter 方法获取用户名和密码，然后采用 equals 方法进行判断。如果用户名是 admin 且密码是 123，则利用 session 对象的 setAttribute 设值，同时转向登录成功页 login_success.jsp，否则转向登录失败页。代码如下：

```
<%
    request.setCharacterEncoding("utf-8");
    String username= request.getParameter("username");
    String userpass=request.getParameter("userpass");
    if(username.equals("admin") && userpass.equals("123")){
        session.setAttribute("username",username);
        response.sendRedirect("login_success.jsp");
    }
    else{
        response.sendRedirect("login_error.jsp");
    }
%>
```

3．成功页面（login_success.jsp）

在登录成功页，利用 session 对象的 getAttribute 读值，如：

```
<%=session.getAttribute("username")%>，欢迎您的到来！
```

4．失败页面（login_error.jsp）

在登录失败页，主要显示如下信息：

```
<h2>登录失败</h2>
<h3>错误的用户名及密码!!! </h3>
<a href="login.jsp">重新登录</a>
```

5．部署发布程序

部署发布程序过程见 3.3.2 节。

至此，大家会发现利用 JSP 内置对象能够实现简易用户登录程序，但是这个程序始终只能确保一个用户名和一个密码的成功登录，不能实现多个用户的正确登录，程序写得比较“死”，所以仅依据 JSP 内置对象实现的程序不够强大，必须借助数据库的知识才能使程序变得更强大、更灵活。

第 6 章　JDBC 操作 SQL Server 技术

【学习目标】

通过本章的学习，应能够：

- 了解 JDBC 的概念
- 掌握利用 JDBC 连接数据库的方法
- 掌握利用 JDBC 操作数据库实现增、删、改、查的方法
- 掌握利用 JSP+JDBC 完成用户注册登录的程序
- 熟悉 JavaScript 客户端脚本语言和正则表达式的用法
- 熟悉利用 AJAX 技术实现局部刷新判定注册登录账号的重复性

本章主要介绍 JDBC 的概念及利用 JDBC 技术操作数据库，实现对数据表的增、删、改和查，并结合用户注册登录系统实例，详细阐述了 JSP 与 SQL Server 二者有效整合开发项目的思想与过程。

6.1　JDBC 概念

JSP 属于动态网站开发技术，可以操作数据库，其实质是通过 JDBC 技术操作数据库，那么 JDBC 到底是什么呢？JDBC 是 Java 数据库连接技术的简称，是 Java 连接数据库的标准 API，是由 Java 语言编写的一组类或接口，是由 Sun 公司提供的。JDBC 完成三项操作：①与一个数据库建立连接；②向数据库发送 SQL 语句；③处理数据库返回的结果。上述三项操作依据 JDBC 接口实现，这些接口都位于 java.sql.*包内。

（1）Connection 和 DriverManager：用于连接数据库。

（2）Statement 或 PreparedStatement（优先推荐后者）：用于创建语句对象，执行 SQL 语句。

（3）ResultSet：返回结果集。

6.2　利用 JDBC 连接数据库

6.2.1　通过 JDBC 访问数据库的基本步骤

1．导入 java.sql.*包

在页面上端代码处加上：<%@ page import="java.sql.*"%>

2．加载 JDBC 驱动器

首先，向项目文件中复制 JDBC 驱动器的 jar 包文件，本文以 Microsoft SQL Server 2005 Express 为例（注意，不同的数据库，jar 包文件是不一样的），用户可以去 http://www.microsoft.com/downloads/details.aspx?familyid=e22bc83b-32ff-4474-a44a-22b6ae2c4e17&displaylang=zh-cn 下载 JDBC 驱动器的 jar 包文件。解压后，使用 sqljdbc4.jar 将其复制到项目文件中的 WebRoot/WEB-INF/lib 文件包内。

其次，使用 Class.forName()方法加载 JDBC 驱动程序，代码如下：

```
Class.forName("com.microsoft.sqlserver.jdbc.SQLServerDriver");
```

3．连接数据库

```
String url="jdbc:sqlserver://localhost:1433;DatabaseName=数据库名字";
Connection conn=DriverManager.getConnection(url,"数据库登录名","数据库登录密码");
```

【友情提示】关于端口号 1433 的设置。

连接 SQL Server 2005 Express 数据库时，必须设置其端口号为 1433，具体设置过程如下。

首先，单击“开始”→“程序”→“Microsoft SQL Server 2005”→“配置工具”→“SQL Server 配置管理器”选项，进入“SQL Server 配置管理器”窗口，如图 6.1 所示。

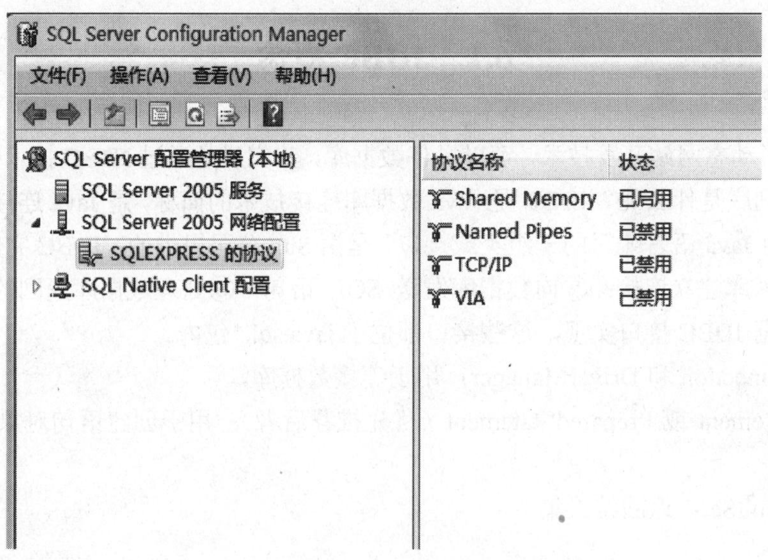

图 6.1 “SQL Server 配置管理器”窗口

其次，单击“SQL Server 配置管理器”左侧的“SQLEXPRESS 的协议”项，然后双击右侧“TCP/IP”项，进入“TCP/IP 属性”对话框，如图 6.2 所示。

然后，在“TCP/IP 属性”对话框中选择“协议”选项卡，将“已启用”位置的值由“否”改为“是”，如图 6.3 所示。

再次，选择“IP 地址”选项卡，在“IPALL”处，将“TCP 动态端口”的值由“0”改为“1433”，如图 6.4 所示。

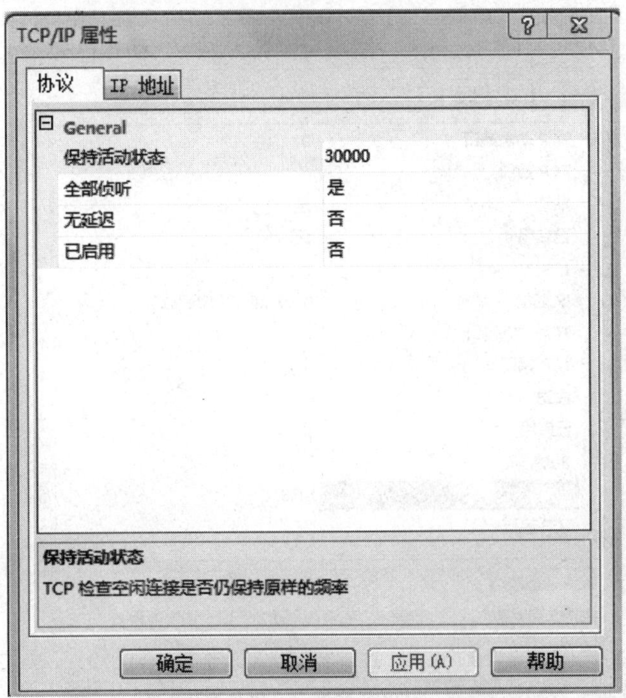

图 6.2 “TCP/IP 属性”对话框

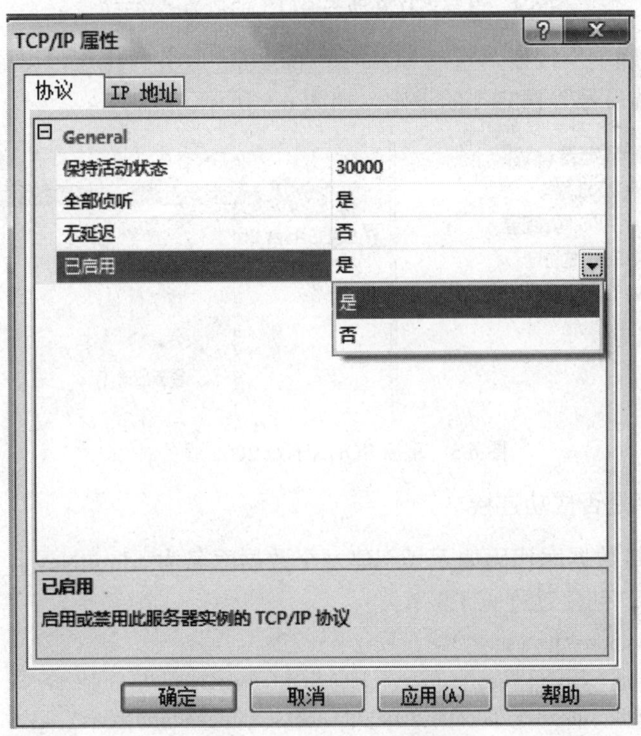

图 6.3 设定“已启用”的值为“是”

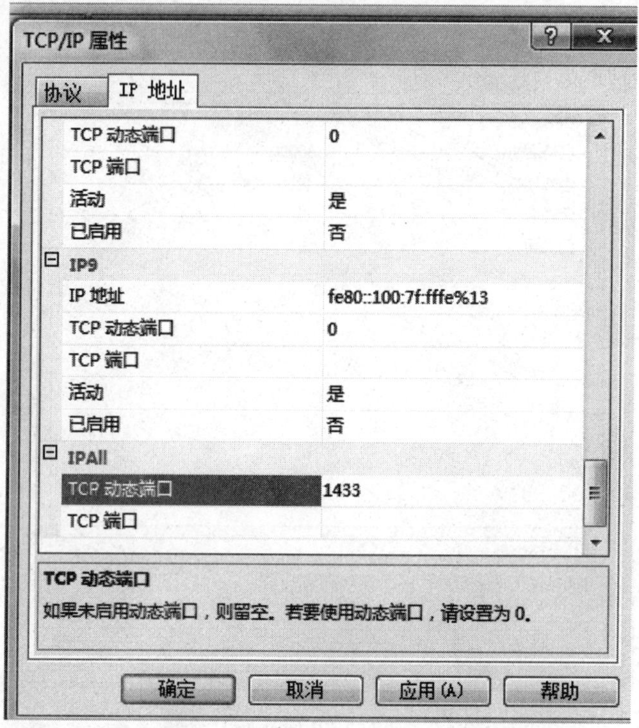

图 6.4　设定“TCP 动态端口”的值为“1433”

最后，单击“确定”按钮，重启 SQL Server 2005 服务（注意，用鼠标右键选择重启服务），即可完成端口号“1433”的设定，如图 6.5 所示。

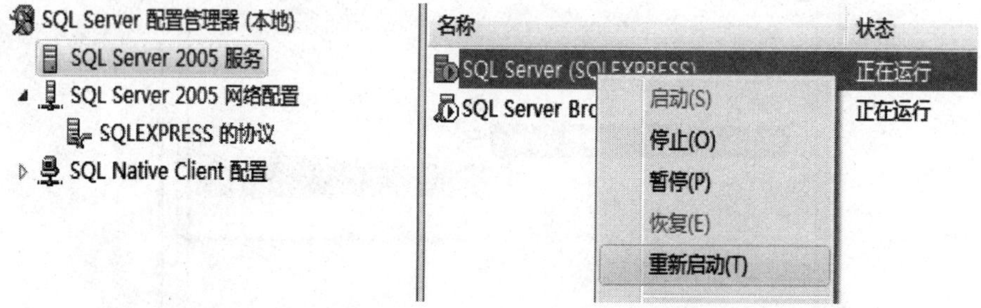

图 6.5　重启 SQL Server 2005 服务

4．调试数据库是否成功连接

使用 JDBC 连接数据库代码如下（创建一个数据库名为 adminNews，登录名为 news，登录密码为 123456，创建过程见 1.3 节）：

```
<%@ page import="java.sql.*"%>
Class.forName("com.microsoft.sqlserver.jdbc.SQLServerDriver");
String url="jdbc:sqlserver://localhost:1433;DatabaseName=adminNews";
Connection conn=DriverManager.getConnection(url,"news","123456");
```

发布此页面，如果页面显示空白则说明连接成功。

6.2.2　通过 JDBC 操作数据库

利用 JDBC 技术成功连接数据库后，便可以利用 Statement 或 PreparedStatement（优先推荐后者）实现对数据表信息的增、删、改和查等操作。

1．增

使用 PreparedStatement 对象的 executeUpdate()方法实现数据的添加。实例代码如下（以数据库 adminNews 为例）：

```
<%
    //使用 JDBC 连接数据库代码，见前面，此处略
    //解决中文乱码
    request.setCharacterEncoding("utf-8");
    //接收来自表单页面的信息
    String newstitle =request.getParameter("newstitle ");
    String newscontent =request.getParameter("newscontent ");
    //使用 PreparedStatement 对象的 executeUpdate 方法实现信息的添加
    String sql="insert into newsinfo(newstitle,newscontent) values(?,?)";
    PreparedStatement pstmt=conn.prepareStatement(sql);
    pstmt.setString(1, newstitle);        //1 代表第一个字段
    pstmt.setString(2, newscontent);    //2 代表第二个字段
    pstmt.executeUpdate();
%>
```

2．删

使用 PreparedStatement 对象的 executeUpdate()方法实现数据的删除。实例代码如下（以数据库 adminNews 为例）。

（1）删除表中所有信息。

```
<%
    //使用 JDBC 连接数据库代码，见前面，此处略
    String sql="delete from newsinfo ";
    PreparedStatement pstmt=conn.prepareStatement(sql);
    pstmt.executeUpdate();
%>
```

（2）删除表中指定信息。

```
<%
    //使用 JDBC 连接数据库代码，见前面，此处略
    //接收能代表删除数据信息唯一值的 id 值
    int id=Integer.parseInt (request.getParameter("id"));
    //注意：由于 request 对象获取的值都是字符型，所以这里要进行强制转换
    String sql="delete from newsinfo where id=?";
    PreparedStatement pstmt=conn.prepareStatement(sql);
```

```
        pstmt.setInt(1, id);
        pstmt.executeUpdate();
    %>
```

3．改

使用 PreparedStatement 对象的 executeUpdate()方法实现数据的修改。实例代码如下（以数据库 adminNews 为例）：

```
    <%
        //使用 JDBC 连接数据库代码，见前面，此处略
        //解决中文乱码
        request.setCharacterEncoding("utf-8");
        //接收来自修改页面的数据信息
        String newstitle =request.getParameter("newstitle ");
        String newscontent =request.getParameter("newscontent ");
        //接收能代表删除数据信息唯一值的 id 值
        int id=Integer.parseInt(request.getParameter("id"));
        //使用 PreparedStatement 对象的 executeUpdate 方法实现信息的修改
        String sql="update newsinfo set newstitle=?,newscontent=? where id=?";
        PreparedStatement pstmt=conn.prepareStatement(sql);
        pstmt.setString(1, newstitle);
        pstmt.setString(2, newscontent);
        pstmt.setInt(3, id);
        pstmt.executeUpdate();
    %>
```

4．查

有两种读取方式，一种是使用 PreparedStatement 对象的 executeQuery()方法实现数据的读取；另一种是使用 Statement 对象的 executeQuery()方法实现数据分页读取。

（1）信息未分页读取。

```
    <%
        //使用 JDBC 连接数据库代码，见前面，此处略
        String sql="select * from newsinfo";
        PreparedStatement pstmt=conn.prepareStatement(sql);
        ResultSet rs=pstmt.executeQuery();      //返回 ResultSet 实例对象
    %>
    <%
        while(rs.next()){
    %>
        <%=rs.getString("newstitle") %>     //读取新闻标题
    <%
        }
    %>
```

【友情提示】从数据库中读取数据的方法。

利用 ResultSet 接口中的 get***( )方法可以取出数据，按类型取，如 getInt()、getString()、getFloat()等。

（2）信息分页读取。

值得注意的是，信息分页读取只能使用 Statement 对象的 executeQuery()方法实现，实现代码如下：

```
<%
    //使用 JDBC 连接数据库代码,见前面
    String sql="select * from newsinfo";
    Statement stmt=conn.createStatement(ResultSet.TYPE_SCROLL_SENSITIVE,
              ResultSet.CONCUR_UPDATABLE);
    ResultSet rs=stmt.executeQuery(sql);
    …  //分页代码，见 7.4.4 节
%>
```

6.2.3　JDBC 应用结束

当利用 JDBC 技术完成数据库操作之后，为了减轻服务器运行压力，最好释放资源，即必须依次关闭结果集、关闭 PreparedStatement 对象、关闭连接接口 conn，代码如下：

```
rs.close();
ptmt.close();
conn.close();
```

【友情提示】executeUpdate()与 executeQuery()方法。

在操作数据库中，实现数据的增、删、改采用 executeUpdate()方法；而数据的查或读则采用 executeQuery()方法。

6.3　利用 JSP+JDBC 实现用户注册登录程序

本节将使用 JDBC 技术实现用户名和密码注册信息在数据库中的保存，然后利用 SQL Server 数据库完成登录验证。

6.3.1　程序要求及页面流程

用户首先需要完成注册信息并添加到数据库中，在注册页面采用 JavaScript 客户端脚本语言实现注册信息的输入判断。其次，在登录页面输入登录账号和密码，然后与数据库中存有的信息进行比较，如果信息一致，则表示用户为合法用户，跳转到登录成功页；否则表明用户名或密码输入错误，转到登录页。页面流程如图 6.6 所示。

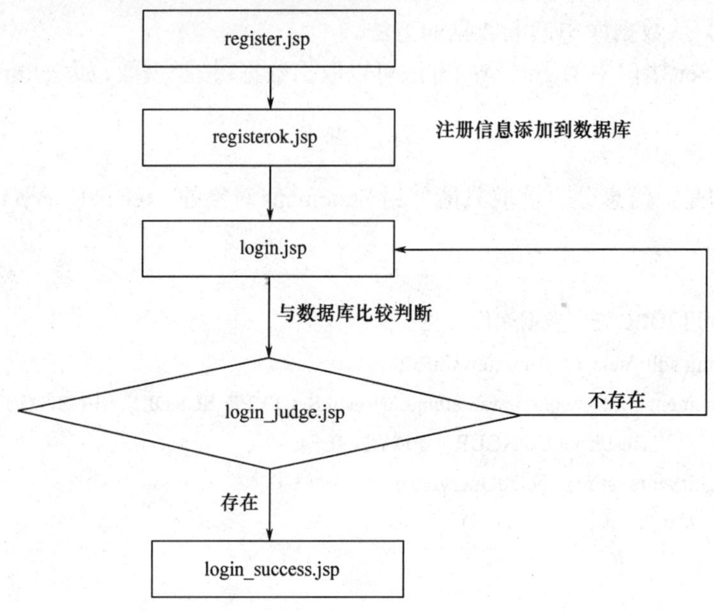

图 6.6 用户注册登录页面流程

（1）register.jsp：用户注册信息。

（2）registerok.jsp：接收注册信息，添加到数据库中。

（3）login.jsp：输入登录账号和密码信息。

（4）login_judge.jsp：接收登录信息，与数据库信息进行比较判断，指向相应页面。

（5）login_success.jsp：成功页面，显示欢迎用户。

6.3.2 数据库设计

本程序以数据库名为 adminNews，登录名为 news，登录密码为 123456 为例，根据程序实现功能需求，在 adminNews 数据库中设计表 adminuser，其结构如表 6.1 所示。

表 6.1 adminuser 表结构

用户（adminuser）			
列　名	数据类型	是否为空	说　明
id	int	否	记录编号，自增
userid	varchar(50)	否	登录账号
username	varchar(50)	否	用户姓名
userpass	varchar(50)	否	登录密码

6.3.3 程序实现

1．新建项目 news 并部署发布该项目

新建方法见 3.3 节，注意需要将 JDBC 驱动器的 jar 包文件 sqljdbc4.jar 复制到项目中。

2．用户注册页面（register.jsp，如图 6.7 所示）

在注册页面中，用户需要填写登录账号、用户姓名和登录密码等信息。同时，程序采用 JavaScript 客户端脚本语言，通过 onsubmit 方法判断用户是否填写了相应信息，若没有填写将不能进行信息注册。实现代码如下：

```
...
<script language=javascript>
//检查登录 ID
function check(){
    if(document.form1.userid.value==""){
        alert('请填写你登录时的 ID！');
        document.form1.userid.focus();
        return false;
    }
    //检查用户姓名
    if(document.form1.username.value==""){
        alert('请填写你的姓名！');
        document.form1.username.focus();
        return false;
    }
    //检查登录密码
    if(document.form1.userpass.value==""){
        alert('请填写你登录时的密码！');
        document.form1.userpass.focus();
        return false;
    }
    return true;
}
</script>

<form name="form1" method="post" action="registerok.jsp" onsubmit="return check()">
    <table width="100%" border="1">
        <tr>
            <td colspan="2"><div align="center">用户注册</div></td>
        </tr>
        <tr>
            <td width="30%">登录账号</td>
            <td width="70%"><label>
                <input type="text" name="userid"/>
            </label></td>
        </tr>
        <tr>
```

```
                <td>用户姓名</td>
                <td><input type="text" name="username"/></td>
            </tr>
            <tr>
                <td>登录密码</td>
                <td><input type="text" name="userpass"/></td>
            </tr>
            <tr>
                <td colspan="2"><div align="center">
                    <label>
                    <input type="submit" name="submit" id="button" value="注册" />
                    </label>
                </div></td>
            </tr>
        </table>
    </form>
    ...
```

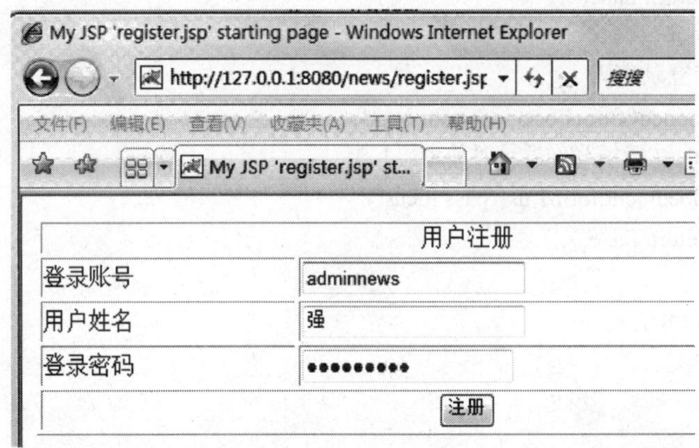

图 6.7 注册页面

【友情提示】JavaScript 客户端脚本语言。

（1）JavaScript 概念的理解：JavaScript 是一种客户端脚本语言，依赖于浏览器，与操作系统无关，只要计算机能运行浏览器且该浏览器支持 JavaScript，就可以执行 JavaScript 脚本。通常，在 HTML 文本中使用标记：<script>...</script>来插入 JavaScript 小程序。

（2）JavaScript 中数据的常量和变量：JavaScript 中的数据分为常量和变量。对变量的数据类型要求不太严格，可以不必声明每一个变量的类型。但需要使用 var 关键词来声明一个变量。例如，var tempmsg="";声明了字符串变量 tempmsg，但不需要指定 String 类型。

JavaScript 区分大小写，即变量 Bus 与 bus 不一样。变量名称的长度不受限制，但是要遵循以下规则：

- 第一个字符必须为字母、下画线（_）或美元符号（$）；
- 紧接着的字符可以是字母、数字、下画线（_）或美元符号（$）；
- 变量名不能为保留字。例如，不能使用 boolean、break、int、for 等保留字作为变量名。

（3）JavaScript 常用语句。这部分知识与 JSP 语法中的常用控制语句类似。

① 函数定义语句。

```
function 函数名称(参数)
{
    函数执行部分
    return 表达式
}
```

注意：所有执行语句都要放在大括号中。

② 条件语句。

```
if(条件)
{
    语句 1
}
else
{
    语句 2
}
```

如果条件成立，则执行语句 1，否则执行语句 2。

③ 循环语句。

（a）for 语句：

```
for (变量初始化; 条件; 更新变量)
{
    语句
}
```

（b）while 语句：

```
while (条件)
{
    语句
}
```

（4）JavaScript 通常使用事件行为运行程序。

鼠标事件：onMouseDown（鼠标按下按钮时触发的事件）、onMouseUp（鼠标松开按钮时触发的事件）、onMouseOut（鼠标离开某对象时触发的事件）、OnClick（鼠标单击按钮时触发的事件）、onMouseOver（当鼠标移动到某对象范围的上方时触发的事件）、onMouseMove（鼠标移动时触发的事件）、onSubmit（表单被提交时触发的事件）。

焦点事件：onFocus（鼠标放在对象上获得焦点时触发的事件）、onBlur（鼠标离开对象失去焦点时触发的事件）。

加载和卸载窗口事件：onLoad（打开页面时触发的事件）、unLoad（关闭页面时触发的事件）。

（5）JavaScript 与正则表达式混用。

在实际运用中，JavaScript 常与正则表达式混合使用共同完成某个事件，其实关于这方面应用的语法，可以在百度、谷歌等搜索网站查询，如输入“JavaScript 用户注册”等字样的关键词，便能显示很多现成的代码，比较经典的代码如下所示，此代码实现了对登录账号、用户名等字符合法性控制，实现了对 E-mail、电话等项的格式控制，页面效果如图 6.8 所示。

```
<%@ page language="java" contentType="text/html; charset=UTF-8"
    pageEncoding="UTF-8"%>
<!DOCTYPE html PUBLIC "-//W3C//DTD HTML 4.01 Transitional//EN"
"http://www.w3.org/TR/html4/loose.dtd">
<html>
<head>
<meta http-equiv="Content-Type" content="text/html; charset=UTF-8">
<title>Insert title here</title>
<script language=javascript>
//检查用户 ID
function check(){
    doc=document.form1;
    if(doc.hyid.value==""){
        alert('请填写你登录时的 ID！');
        doc.hyid.focus();
        return false;
    }
    var n=doc.hyid.value.length;
    //var zm=doc.username.value.charCodeAt(0);
    var tempmsg="";
    //alert(zm);
    for(var i=0;i<n;i++){
        var zm=doc.hyid.value.charCodeAt(i);
        if(!((zm>=48&&zm<=57)||(zm>=65&&zm<=90)||(zm>=97&&zm<=122))){
            tempmsg+="\" "+doc.hyid.value.charAt(i)+"\"，";
            var flag=1;
        }
    }
    if(flag){
        alert('你输入的 ID 中包含下列不合法的字符：'+tempmsg);
        doc.hyid.focus();
        return false;
    }
```

```
//检查用户真实姓名
if(doc.hyname.value==""||doc.hyname.value.length<2){
    alert('请输入你的真实姓名！');
    doc.hyname.focus();
    return false;
}
n=doc.hyname.value.length;
tempmsg="";
for(i=0;i<=n;i++){
    zm=doc.hyname.value.charCodeAt(i);
    if(zm<=255){
        tempmsg+="\" "+doc.hyname.value.charAt(i)+"\",";
            var flag=1;
    }
}
if(flag){
    alert('你的名字中不能包含如下字符：'+tempmsg);
    doc.hyname.focus();
    return false;
}
//检查密码
if(doc.hypass.value==""){
    alert('请输入你的密码！');
    doc.hypass.focus();
    return false;
}
//检查 E-mail
if(doc.hyemail.value==""){
    alert('请输入你的 E-mail！');
    doc.hyemail.focus();
    return false;
}
if(doc.hyemail.value.indexOf("@")==-1){
    alert('请输入你的正确 E-mail，必须包括“@”!');
    doc.hyemail.focus();
    return false;
}
tempmsg=doc.hyemail.value.substring(0,doc.hyemail.value.indexOf("@"));
if(tempmsg.length<3){
    alert('请输入完整的 E-mail!\"@\"前面的字符长度不能小于 3 位！');
    doc.hyemail.focus();
    return false;
```

```
}
if(!((doc.hyemail.value.indexOf(".com")!=-1)||(doc.hyemail.value.indexOf(".net")!=-
1)||(doc.hyemail.value.indexOf(".net")!=-1)||(doc.hyemail.value.indexOf(".edu")
!=-1))){
    alert('请输入你邮箱的后缀名！后缀名为小写！');
    doc.hyemail.focus();
    return false;
}
tempmsg=doc.hyemail.value.substring((doc.hyemail.value.indexOf("@")+1),doc.hye
mail.value.indexOf("."));
if(tempmsg.length<2){
    alert('请输入你邮箱的完整形式！\"@\"和\".\"之间的字符长度不小于 2');
    doc.hyemail.focus();
    return false;
}
//检测电话号码
if(doc.hyphone.value==""){
    alert('请输入你的电话！');
    doc.hyphone.focus();
    return false;
}

if(doc.hyphone.value.length!=0){
    n=doc.hyphone.value.length;
    tempmsg="";
    for(i=0;i<n;i++){
        zm=doc.hyphone.value.charCodeAt(i);
        if(zm<48||zm>57){
            tempmsg+="\" "+doc.hyphone.value.charAt(i)+"\",";
            flag=1;
        }
    }
    if(flag){
        alert('你输入的电话号码中包括以下非法字符：'+tempmsg);
        doc.hyphone.focus();
        return false;
    }
    if(doc.hyphone.value.length!=11 ){
        alert('请输入电话号码！');
        doc.hyphone.focus();
        return false;
    }
```

```
            if(doc.hyphone.value.substring(0,3)!=135){
                alert('请输入正确 3 位！');
                doc.hyphone.focus();
                return false;
            }
        }
        return true;
    }

</script>
</head>

<body>
<form id="form1" name="form1" method="post" action=" " onsubmit="return check()">
  <table width="100%" border="1">
    <tr>
      <td colspan="2"><div align="center">会员注册</div></td>
    </tr>
    <tr>
      <td width="30%">会员账号</td>
      <td width="70%"><label>
      <INPUT name="hyid"    type="text" value="" size=30 maxlength="50"/><br/>
      <div id = "passport1" style="color: red"></div>
      </td>

    </tr>
    <tr>
      <td>会员 Email</td>
      <td><input type="text" name="hyname" id="textfield2" /></td>
    </tr>
    <tr>
      <td>会员密码</td>
      <td><input type="password" name="hypass" id="textfield3" /></td>
    </tr>
    <tr>
      <td>会员 E-mail</td>
      <td><input type="text" name="hyemail" id="textfield4" /></td>
    </tr>
    <tr>
      <td>会员电话</td>
      <td><input type="text" name="hyphone" id="textfield5" /></td>
    </tr>
```

```
      <tr>
        <td colspan="2"><div align="center">
          <label>
          <input type="submit" name="submit" id="button" value="注册" />
          </label>
        </div></td>
      </tr>
    </table>
</form>
</body>
</html>
```

会员注册	
会员账号	adminnews
会员姓名	强
会员密码	●●●●●●●●●
会员E-mail	qiang@163.com
会员电话	135****4298
注册	

图 6.8 利用 JavaScript 与正则表达式进行判断的注册页面

（6）在注册页面触发 JavaScript 客户端脚本判断用户填入信息的两种方式。

第一种：当 type="submit"时，在 form 标签中使用 onsubmit 行为触发，如实例中<form name="form1" method="post" action="registerok.jsp" **onsubmit="return check()"**>。

第二种：当 type="button"时，在 input 标签中使用 onclick 行为触发，如<input type="button" name="button" id="button" value="注册" **onclick="check()"**/>。

3．用户注册成功页面（registerok.jsp）

利用 request 对象 getParameter 方法获取表单登录账号、用户名和登录密码。在将注册信息填入数据表之前，先对登录账号进行判断，如果登录账号已被注册，那么将返回重新填写注册信息，然后将用户注册信息填入到数据表中。代码如下：

```
<%@ page language="java" contentType="text/html; charset=UTF-8"
    pageEncoding="UTF-8"%>
<%@ page import="java.sql.*"%>
<%
    Class.forName("com.microsoft.sqlserver.jdbc.SQLServerDriver");
    String url="jdbc:sqlserver://localhost:1433;DatabaseName=adminNews";
    Connection conn=DriverManager.getConnection(url,"news","123456");
%>
<%
    request.setCharacterEncoding("utf-8");
```

```
        String userid=request.getParameter("userid");
        String username=request.getParameter("username");
        String userpass=request.getParameter("userpass");
        String sql_cx="select * from adminuser where userid=?";
        PreparedStatement pstm1=conn.prepareStatement(sql_cx);
        pstm1.setString(1,userid);
        ResultSet rs=pstm1.executeQuery();
        if(rs.next()){//如果存在
                out.print("<script>");
                out.print("alert('账号已被注册 ，请重新输入 ！');");
                out.print("location.href='register.jsp';");
                out.print("</script>");
        }
        else{
                    String sql="insert into adminuser(userid,username,userpass) values(?,?,?)";
                    PreparedStatement pstm=conn.prepareStatement(sql);
                    pstm.setString(1,userid);
                    pstm.setString(2,username);
                    pstm.setString(3,userpass);
                    pstm.executeUpdate();
                    out.print("<script>");
                    out.print("alert('会员注册成功，请登录! ');");
                    out.print("location.href='login.jsp';");
                    out.print("</script>");
        }
%>
```

【知识扩展】利用 AJAX 技术局部刷新判定登录账号是否已被注册。

在本实例的服务端已经成功实现判断是否出现登录账号重复注册功能，但是这种判断仍然存在不足，即当注册用户将所有信息输入完后，单击“注册”按钮才进行判断，由于很多信息用户花了很长时间填写，但会因为“登录账号”已存在，导致所有填写的信息都没了，势必影响注册用户的心情。所以，急需找到一种能够在输入登录账号时就可自动判断出数据库中是否存在的方法。AJAX 技术的出现能够很好地解决这个问题，它具有局部刷新功能，只要填入信息就能够直接进行判断，而不需要将所有信息都填完后提交判断，利用 AJAX 技术进行判定登录账号是否已注册的效率更高。实现过程如下。

第一步：在注册页面（register.jsp）加上如下代码。

```
…
<script language="javascript">
<!--
//创建 XMLHttpRequest 对象
function GetO()
{
```

```
        var ajax=false;
        try
        {
            ajax = new ActiveXObject("Msxml2.XMLHTTP");
        }
        catch (e)
        {
            try
            {
                ajax = new ActiveXObject("Microsoft.XMLHTTP");
            }
            catch (E)
            {
                ajax = false;
            }
        }
        if (!ajax && typeof XMLHttpRequest!='undefined')
        {
            ajax = new XMLHttpRequest();
        }
        return ajax;
    }

    function getMyHTML(serverPage, objID) {
        var ajax = GetO();
            //得到了一个 HTML 元素，在下面给这个元素的属性赋值
        var obj = document.all[objID];
            //设置请求方法及目标，并且设置为异步提交
        ajax.open("post", serverPage, true);
        ajax.onreadystatechange = function()
        {
            if (ajax.readyState == 4 && ajax.status == 200)
            {
                //innerHTML 是 HTML 元素的属性，如果不理解属性那就理解为 HTML 元素的变量
                //ajax.responseText 是服务器的返回值，把值赋给 id=passport1 的元素的属性
                //innerHTML 这个属性（或这个变量）表示一组开始标记和结束标记之间的内容
                obj.innerHTML = ajax.responseText;
            }
        }
        //发送请求
        ajax.send(null);
    }
    function CheckName()
    {
```

```
    getMyHTML("registerAjax.jsp?userid="+form1.userid.value, "passport1");
}
    //这个函数的作用是当用户的焦点从其他地方回到 hyid 这个输入框时，
    //再给属性赋回原内容
function sl(tx)
{
    if(tx=='passport1')
    {
        document.all[tx].innerHTML = "<div class='reds' align='left'>请注意：注册后不可修
        改。</div>";
    }
}

</script>

...
<tr>
        <td width="30%">登录账号</td>
        <td width="70%"><label>
        <input type="text" name="userid" onBlur="javaScript:CheckName();" onFocus=
"return sl('passport1');"/>
        <br/>
        <div id = "passport1" style="color: red"></div>
    </label></td>
</tr>
...
```

第二步：添加 registerAjax.jsp 页面，判断数据库表数据中是否存在相同的登录账号。代码如下：

```
<%@ page language="java" contentType="text/html; charset=UTF-8"
    pageEncoding="UTF-8"%>
<%@ page import="java.sql.*"%>
<%
    Class.forName("com.microsoft.sqlserver.jdbc.SQLServerDriver");
    String url="jdbc:sqlserver://localhost:1433;DatabaseName=adminNews";
    Connection conn=DriverManager.getConnection(url,"news","123456");
%>
<%
    String userid=request.getParameter("userid");
    String sql="select * from adminuser where userid=?";
    PreparedStatement pstm=conn.prepareStatement(sql);
    pstm.setString(1,userid);
    ResultSet rs=pstm.executeQuery();
    boolean flag=true;
    while(rs.next())
```

```
        flag=false;

    //处理 Ajax 请求
    response.setContentType("text/xml; charset=gb2312");
    response.setHeader("Cache-Control","no-cache");

    if(flag)
    {
        out.println("<response>");
        out.println("恭喜，登录账号可以用！");
        out.println("</response>");
        //out.close();
    }
   else
    {
        out.println("<response>");
        out.println("<font color='red'>登录账号已存在！</font>");
        out.println("</response>");
        //out.close();
    }
%>
```

4．用户登录页面（login.jsp，如图 6.9 所示）

注册成功后，用户便可以在登录页面输入登录账号和登录密码，进行登录。实现代码如下：

```
<h1>登录系统</h1><br>
<form action="login_judge.jsp" method="post">
    登录账号：<input type="text" name="userid"><br>
    登录密码：<input type="password" name="userpass"><br>
              <input type="submit" name="submit" value="登录"><br>
</form>
```

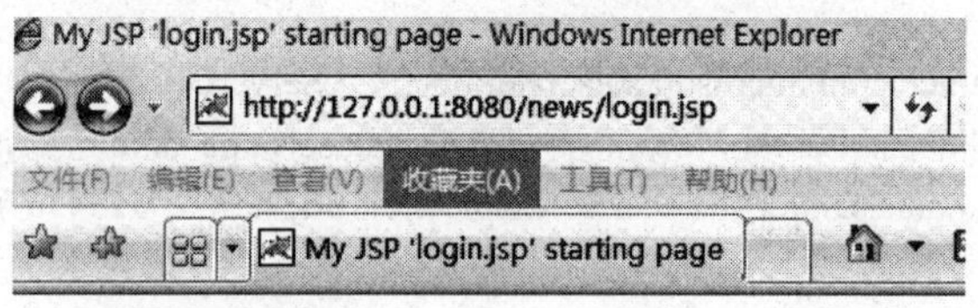

图 6.9　用户登录页面

5．用户登录判断页面（login_judge.jsp）

采用 request 对象的 getParameter 方法获取用户账号和密码，然后与数据表中的信息进行比较，如果存在，则证明是合法用户，将利用 session 对象的 setAttribute 设值，转向到成功页面 login_success.jsp；否则为非法用户，跳转到登录页 login.jsp 重新输入信息登录。

```
<%@ page language="java" contentType="text/html; charset=UTF-8"
    pageEncoding="UTF-8"%>
<%@ page import="java.sql.*"%>
<%
    Class.forName("com.microsoft.sqlserver.jdbc.SQLServerDriver");
    String url="jdbc:sqlserver://localhost:1433;DatabaseName=adminNews";
    Connection conn=DriverManager.getConnection(url,"news","123456");
%>
<%
    request.setCharacterEncoding("utf-8");
    String userid=request.getParameter("userid");
    String userpass=request.getParameter("userpass");
    String sql="select * from adminuser where userid=? and userpass=?";
    PreparedStatement pstm=conn.prepareStatement(sql);
    pstm.setString(1,userid);
    pstm.setString(2,userpass);
    ResultSet rs=pstm.executeQuery();
    if(rs.next()){//如果存在
        session.setAttribute("username",rs.getString("username"));
        response.sendRedirect("login_success.jsp");
    }
    else{
        out.print("<script>");
        out.print("alert('您输入账号或密码有误 ');");
        out.print("location.href='login.jsp';");
        out.print("</script>");
    }
%>
<%
    rs.close();
    pstm.close();
    conn.close();

%>
```

6．用户登录成功页面（login_success.jsp，如图 6.10 所示）

在登录成功页，利用 session 对象的 getAttribute 读取用户名，如：

```
...
<body>
    <font color=red><%=session.getAttribute("username")%></font>,欢迎您的到来！
</body>
...
```

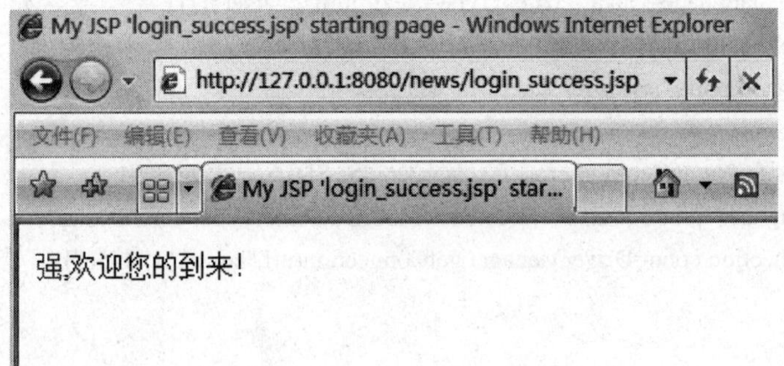

图 6.10　登录成功页面

第 7 章　SQL Server 与 JSP 实现新闻系统（传统未分层设计模式）

【学习目标】

通过本章的学习，应能够：

- 了解在 MyEclipse 软件中复制项目的方法
- 熟悉 HTML 编辑器 CKEditor 和 CFinder 组合使用
- 掌握新闻信息增、删、改、查的方法
- 掌握信息分页显示方法
- 掌握新闻信息修改后仍能定位在被修改信息所在页面的方法
- 熟悉新闻信息检索两种不同模糊查询语句
- 掌握后台管理页面只有用户成功登录才能访问的方法
- 熟悉使用 jspSmartUpload 组件实现文件的上传和下载
- 掌握“?”传值方式传递变量值的方法
- 掌握使用 hidden 传递变量值的方式
- 掌握信息评论表结构设计
- 熟悉项目打包成 war 文件及发布方法

越来越多的 B/S 模式数据库应用系统，如电子商务、企业、学校等门户网站都有一个非常重要的子系统——新闻系统。本章介绍的实例开发是对前面 6 章知识的综合概括，通过本实例的学习不但能够使学习者掌握 JSP 动态网站开发技术与 SQL Server 整合运用，更重要的是能够让学习者真正理解项目开发的思想和实现过程。

7.1　新闻系统总体设计

新闻系统由前台和后台两部分组成，其中前台页面只是查看新闻（注意，所有用户均能看到）；后台页面只有管理员才能看到，不但能够查看新闻，还能对新闻进行增、删、改、查等操作，其新闻系统总体设计思想如图 7.1 所示。

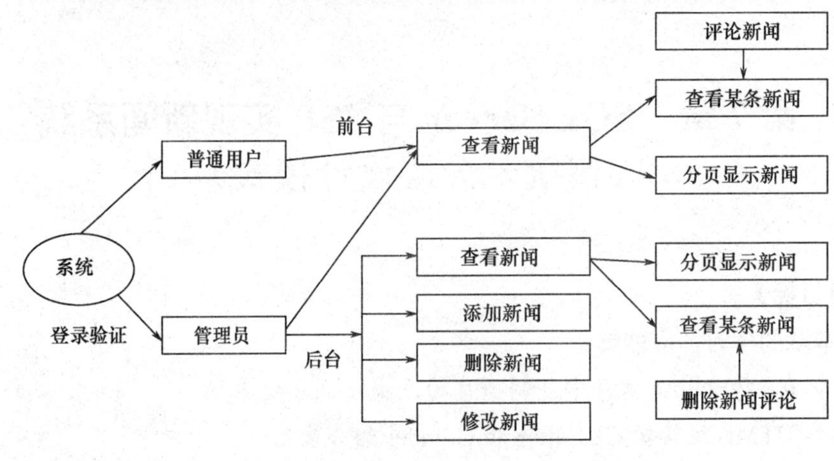

图 7.1　新闻系统总体设计

7.2　新闻系统数据库设计

在开发新闻系统之前，首先要做的是设计数据库。通常开发项目一般都是先设计系统数据库，然后再开始设计应用程序。

7.2.1　数据库需求分析

根据本系统功能要求，新闻系统数据库（adminNews）需要以下数据项。

（1）管理员：登录账号、登录密码。

（2）新闻：标题、内容、发布时间。

（3）评论新闻：新闻 id、评论人、评论内容、评论时间。

7.2.2　数据表设计

根据数据库需求分析，本系统共设计 3 个表，分别为管理员表、新闻表和新闻评论表。其表结构如表 7.1、表 7.2、表 7.3 所示。

表 7.1　管理员表（adminuser）

管理员（adminuser）			
列　　名	数 据 类 型	是 否 为 空	说　　明
id	int	否	设为标志
userid	varchar(50)	否	登录账号
userpass	varchar(50)	否	登录密码

关于创建新闻数据库 adminNews（登录账号为 news，登录密码为 123456）及创建管理员表（adminuser）、新闻表（adminnews）和新闻评论表（remarknews）见 1.3 节。

表 7.2　新闻表（adminnews）

新闻表（adminnews）			
列　名	数 据 类 型	是 否 为 空	说　明
id	int	否	设为标志
newstitle	varchar(200)	否	标题
newscontent	varchar(max)	否	内容
newstime	datetime	否	发布时间

表 7.3　新闻评论表（remarknews）

新闻评论表（remarknews）			
列　名	数 据 类 型	是 否 为 空	说　明
id	int	否	设为标志
newsid	int	否	被评论新闻 id
remarkuser	varchar(50)	否	评论人
remarkcontent	varchar(max)	否	评论内容
remarktime	datetime	否	评论时间

7.3　新闻系统页面基本框架

新闻系统实现的功能是普通用户可以通过浏览器查看新闻，管理员可以通过浏览器发布和管理新闻，其页面基本框架如图 7.2 所示。

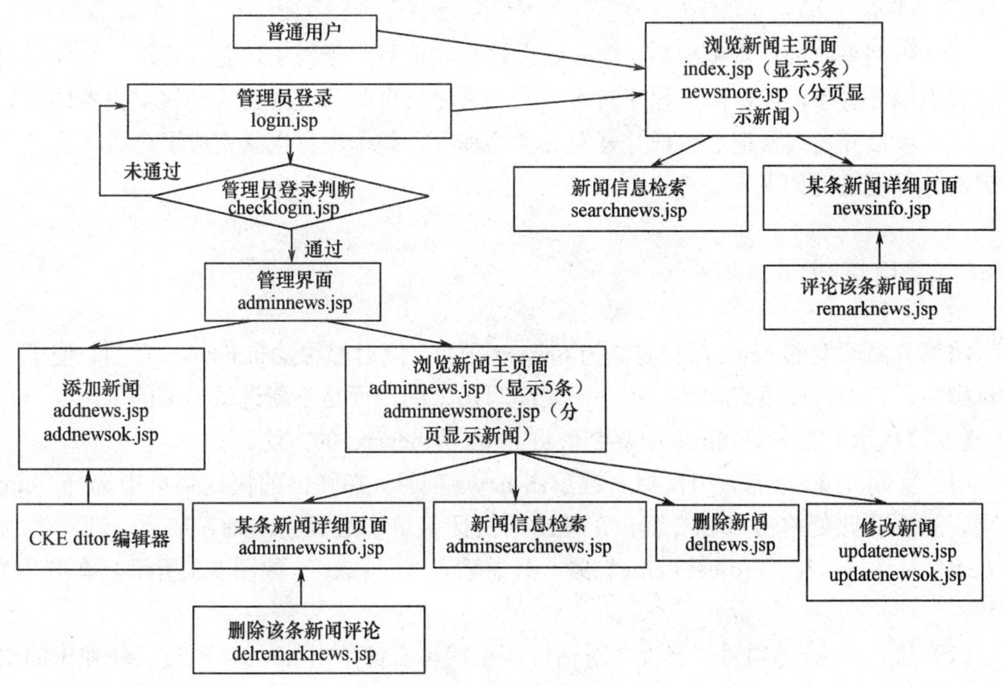

图 7.2　新闻系统页面基本框架

（1）login.jsp：管理员登录页面。

（2）checklogin.jsp：管理员登录判断页面。

（3）adminnews.jsp：新闻管理首页面。

（4）addnews.jsp：信息添加 HTML 表单页面。

（5）addnewsok.jsp：新闻添加成功页面。

（6）adminnewsinfo.jsp：新闻详细浏览页面。

（7）delremarknews.jsp：删除新闻评论。

（8）delnews.jsp：删除新闻信息。

（9）updatenews.jsp：修改新闻信息。

（10）updatenewsok.jsp：修改成功页面。

（11）adminnewsmore.jsp：分页显示新闻信息。

（12）adminsearchnews.jsp：后台新闻信息检索。

（13）index.jsp：前台新闻首页。

（14）newsinfo.jsp：前台新闻详细浏览页面并带有评论功能。

（15）remarknews.jsp：评论新闻。

（16）newsmore.jsp：分页显示前台新闻信息。

（17）searchnews.jsp：前台新闻信息检索。

7.4 后台各功能模块的设计与实现

设计新闻系统的基本框架后，便开始设计与实现每个子模块。通常开发一个项目要从后台管理部分着手，前台部分程序其本质上就是将后台某些程序的管理权限去掉即可。可见，一个项目开发只要把后台部分开发成功，基本上整个项目也就完成了。新闻系统后台管理部分开发过程如下。

7.4.1 项目复制

将第 6 章开发的 news 项目复制为 newsxt 项目，然后部署发布 newsxt 项目，便于随时调试程序，正如行业里有句话“程序不是编写出来的，而是不断调试出来的”。

【友情提示】在 MyEclipse 中复制项目 news 为 newsxt 的方法。

（1）复制 news 项目。用鼠标右键单击 news 项目，在弹出的快捷菜单中选择“copy”选项，然后在此处单击鼠标右键，在弹出的快捷菜单中选择“Paste”选项，进入“Copy Project”对话框，在“Project name”文本框中输入“newsxt”，如图 7.3 所示。单击“OK”按钮。

（2）进入 newsxt 项目“属性”对话框。用鼠标右键单击 newsxt 项目，在弹出的快捷菜单中选择“Properties”选项，进入“Properties for newsxt”窗口，如图 7.4 所示。

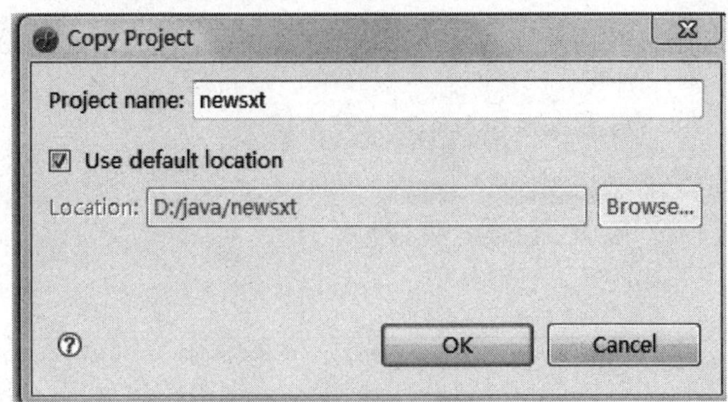

图 7.3　复制项目为“newsxt”

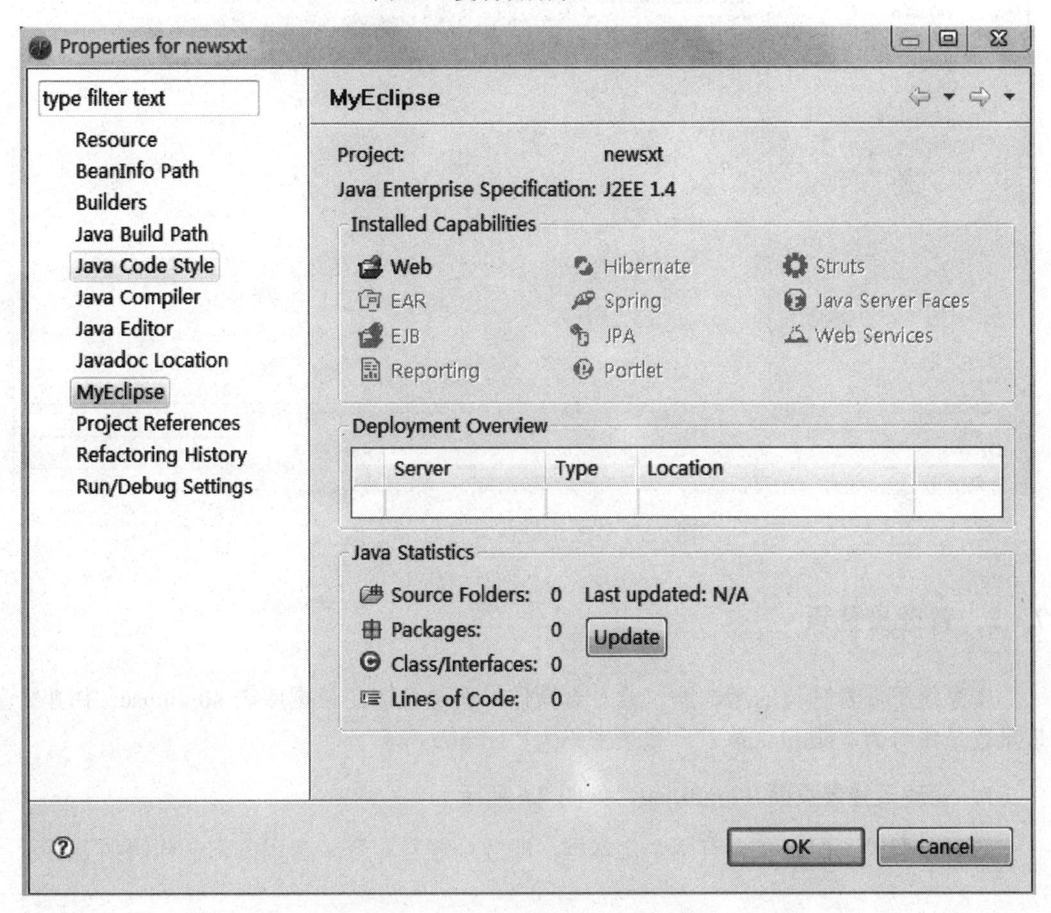

图 7.4　“Properties for newsxt”窗口

（3）修改 newsxt 项目的 Web 值。单击左侧“MyEclipse”→“Web”选项，将右侧“Web”区域“Context Root”选项卡“Web Context-root”文本框中的“news”改为“newsxt”，如图 7.5 所示。

（4）单击“OK”按钮完成项目复制，可见复制一个项目仅通过“复制”—“粘贴”是不够的，必须要更改复制后项目的 Web 值。

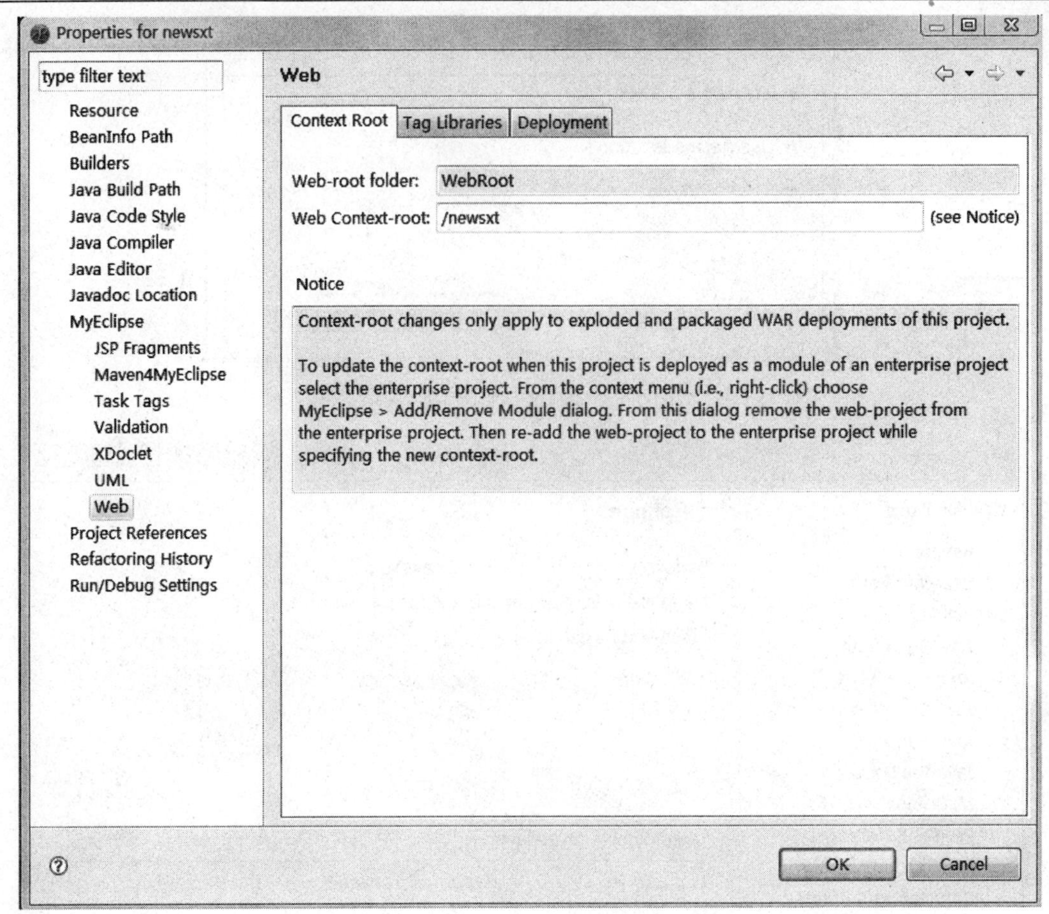

图 7.5　修改 newsxt 项目的 Web 值

7.4.2　管理员登录

本系统不做管理员的增、删、改、查操作，而是直接在数据库表 adminuser 中填入管理员登录账号为“adminnews”，登录密码为“adminnews”。

1．管理员登录页面（login.jsp，如图 7.6 所示）

管理员登录页面主要含有两个文本框，即登录账号和登录密码，部分代码如下所示：

```
…
<h1>新闻后台管理系统</h1><br>
<form action=" checklogin.jsp" method="post">
        管理员登录账号：<input type="text" name="userid"><br>
        管理员登录密码：<input type="password" name="userpass"><br>
        <input type="submit" name="submit" value="登录"><br>
</form>
…
```

图 7.6　新闻后台管理登录页面

2．管理员登录判断页面（checklogin.jsp）

在新闻后台管理登录页面中输入管理员登录账号和登录密码，然后与数据库表 adminuser 中存有的信息进行比较判断，如果信息一致，则表示用户为合法管理员，跳转到新闻管理界面，否则表明用户名或密码输入错误，转到登录页重新填写。部分代码如下所示：

```
<%@ page language="java" contentType="text/html; charset=UTF-8"
    pageEncoding="UTF-8"%>
<%@ page import="java.sql.*"%>
<%
    Class.forName("com.microsoft.sqlserver.jdbc.SQLServerDriver");
    String url="jdbc:sqlserver://localhost:1433;DatabaseName=adminNews";
    Connection conn=DriverManager.getConnection(url,"news","123456");
%>
<%
    request.setCharacterEncoding("utf-8");
    String userid=request.getParameter("userid");
    String userpass=request.getParameter("userpass");
    String sql="select * from adminuser where userid=? and userpass=?";
    PreparedStatement pstm=conn.prepareStatement(sql);
    pstm.setString(1,userid);
    pstm.setString(2,userpass);
    ResultSet rs=pstm.executeQuery();
    if(rs.next()){
        response.sendRedirect("adminnews.jsp");
    }
    else{
        out.print("<script>");
```

```
            out.print("alert('您输入登录账号或密码有误');");
            out.print("location.href='login.jsp';");
            out.print("</script>");
        }
%>
<%
        rs.close();
        pstm.close();
        conn.close();
%>
```

7.4.3 新闻系统的增、删、改和查

1．新闻信息的读取（查）

管理员成功登录后，将进入新闻管理首页面“adminnews.jsp”中，实现对新闻信息的读取，要求首页面显示 5 条最新新闻（通常按 id 降序排序），且在每条新闻的标题上做超链接，单击可查看该条新闻的详细内容，并对每条新闻加上删除和修改功能。此外，通过单击“更多”按钮，进入新闻的分页显示，在没有添加新闻信息之前，页面显示“暂无信息”字样，如图 7.7 所示。实现新闻管理首页面的信息代码如下：

```
<%@ page language="java" contentType="text/html; charset=UTF-8"
    pageEncoding="UTF-8"%>
<%@ include file="conndb.jsp" %>
<!DOCTYPE html PUBLIC "-//W3C//DTD HTML 4.01 Transitional//EN" "http://www.w3.org/
TR/html4/loose.dtd">
<html>
<head>
<meta http-equiv="Content-Type" content="text/html; charset=UTF-8">
<title>Insert title here</title>
</head>
<body>
<table width="100%" border="1">
  <tr>
    <td colspan="4"><div align="center"><strong><a href="adminnews.jsp">新闻管理系统
    </a></strong></div></td>
  </tr>
  <tr>
    <td colspan="4"><strong><a href="addnews.jsp">添加新闻</a></strong></td>
  </tr>
  <tr>
    <td width="50%"><strong>标题</strong></td>
```

```
    <td width="26%"><strong>时间</strong></td>
    <td width="13%"><strong>修改</strong></td>
    <td width="11%"><strong>删除</strong></td>
  </tr>
  <%
    String sql="select * from adminnews order by id desc";
    PreparedStatement pstm=conn.prepareStatement(sql);
    ResultSet rs=pstm.executeQuery();
    boolean havaRecords = false;
  %>
  <%

    for(int i=0;i<=4;i++)
    {
        if(rs.next()){
            havaRecords=true;
  %>
                <tr>
                  <td><a href="adminnewsinfo.jsp?id=<%=rs.getInt("id") %>" target="_blank">
                    <%=rs.getString("newstitle")%></a></td>
                  <td><%=rs.getDate("newstime") %></td>
                  <td><a href="updatenews.jsp?id=<%=rs.getInt("id") %>">修改</a></td>
                  <td><a href="delnews.jsp?id=<%=rs.getInt("id") %>">删除</a></td>
                </tr>

                <%
        }
    }
                %>
  <%
    if(!havaRecords){
  %>
            <Tr>
            <td   colspan="4" align="center">
            <font color=red>暂无信息</font>
            </td>
            </Tr>
            <%
    }
            %>
  <tr>
```

```
        <td colspan="4" align="right"><a href="adminnewsmore.jsp">更多</a></td>
    </tr>
    </table>
    </body>
    </html>
```

新闻管理系统			
添加新闻			
标题	时间	修改	删除
暂无信息			
			更多

图 7.7　新闻管理首页面（adminnews.jsp）

【**友情提示**】include 指令的用法。

include 指令的作用是实现文件的包含，语法结构是：

```
<%@ include file="**.jsp"%>
```

这种方式一般应用在通用的静态文件中，即不变的文件。为了缩减编写代码、维护方便，可以采用 include 指令将通用文件导入，如本实例中利用 JDBC 连接数据库的语句始终不变，这样就可以将这部分代码存到"conndb.jsp"文件中，然后利用<%@ include file="conndb.jsp"%>方式将这部分通用代码导入进来。“conndb.jsp”文件中的代码如下所示：

```
<%@ page import="java.sql.*"%>
<%
    Class.forName("com.microsoft.sqlserver.jdbc.SQLServerDriver");
    String url="jdbc:sqlserver://localhost:1433;DatabaseName=adminNews";
    Connection conn=DriverManager.getConnection(url,"news","123456");
%>
```

【**友情提示**】?id="值"，传递值方式的作用。

在 adminnews.jsp 页面中的标题、删除和修改等处都加上了超链接去执行相应的操作，但这其中的超链接都加上了?id=<%=rs.getInt("id")%>这种表达方式，通过?id="值"能够指定要查看、删除及修改的具体某条信息。如果不用，那么程序就不清楚到底要查看哪条新闻，以及删除或修改哪条新闻。之所以采用 id 作为传递值，是因为 id 在数据表中被设定为标志，每条新闻都有一个永远不会重复的 id，所以通过?id="值"表达方式和 id 这个唯一值能够确定某条具体新闻。

2．新闻信息的添加（增）

1）信息添加 HTML 表单页面（addnews.jsp）

本系统完成的功能是添加新闻标题、新闻内容和发布时间，其中页面显示表单中只添加前两项，新闻发布时间是在服务器端隐性添加（默认为服务器时间）。此外，在新闻内容添加项中不是采用普通的多行文本框，而是采用功能更加强大的 HTML 编辑器 CKEditor 和 CFinder 的组合，通过编辑器不但能够做到在线编辑文本（如样式、字体、大小、颜色等），还能够实现添加图片（如.jpg、.gif 等）、动画（.swf）及视频（.flv）等素材，如图 7.8 所示。实现新闻添加的代码如下：

```
<!DOCTYPE unspecified PUBLIC "-//W3C//DTD HTML 4.01 Transitional//EN"
"http://www.w3.org/TR/html4/loose.dtd">
<%@page pageEncoding="UTF-8" contentType="text/html; charset=UTF-8"%>
<%@ taglib uri="http://ckfinder.com" prefix="ckfinder"%>
<%@ taglib uri="http://ckeditor.com" prefix="ckeditor" %>
<html>
      <body>
            <form action="addnewsok.jsp" method="post">
                  <table width="100%" border="1">
     <tr>
       <td colspan="2"><div align="center"><strong>添加新闻</strong></div></td>
     </tr>
     <tr>
       <td width="12%">题目</td>
       <td width="88%"><label>
         <input type="text" name="newstitle" id="textfield" />
       </label></td>
     </tr>
     <tr>
       <td>内容</td>
       <td><label>
       <textarea cols="80" id="newscontent" name="newscontent" rows="10"> </textarea>
       </label></td>
     </tr>
     <tr>
       <td colspan="2"><div align="center">
         <label>
         <input type="submit" name="button" id="button" value="提交" />
         </label>
       </div></td>
     </tr>
   </table>
            </form>
      <ckfinder:setupCKEditor basePath="ckfinder/" editor="newscontent" />
      <ckeditor:replace replace="newscontent" basePath="ckeditor/" />
      </body>
      </html>
```

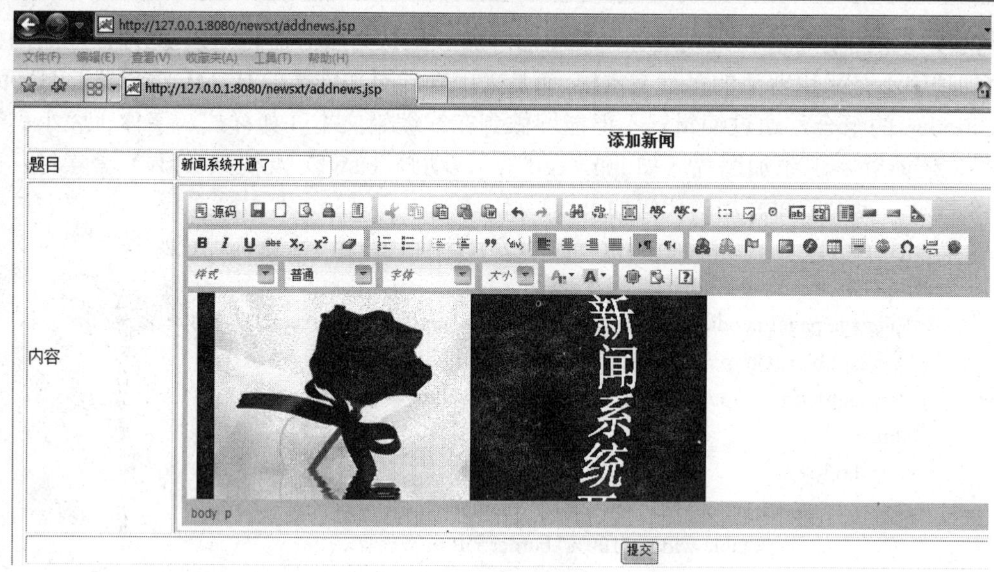

图 7.8　新闻添加页

【知识扩展】关于 HTML 编辑器 CKEditor 和 CFinder 的整合应用。

第一步：下载 CKEditor 和 CFinder 相关资源。

① 下载 CKEditor 3.6.4（解压）。

http://download.cksource.com/CKEditor/CKEditor/CKEditor%203.6.4/ckeditor_3.6.4.zip

② 下载 ckeditor-java-core-3.5.3（解压）。

http://download.cksource.com/CKEditor/CKEditor%20for%20Java/CKEditor%20for%20Java% 203.5.3/ckeditor-java-core-3.5.3.zip

③ 下载 ckfinder_java_2.3.1（解压）。

http://download.cksource.com/CKFinder/CKFinder%20for%20Java/2.3.1/ckfinder_java_2.3.1.zip

第二步：执行步骤。

① 复制以下文件夹到 WebRoot 下面:

- ckfinder_java_2.3.1\ckfinder\ CKFinderJava \ckfinder

注意，CKFinderJava 是 CKFinderJava.war 包解压后的文件夹的名称，可以直接将.war 改为.rar 解压。

- ckeditor_3.6.4\ckeditor

② 复制 CKFinder 配置文件到 WEB-INF 下面：

- ckfinder_java_2.3.1\ckfinder\CKFinderJava \WEB-INF\config.xml

③ 复制下面文件夹下的 jar 文件到 WEB-INF/lib 下面：

- ckfinder_java_2.3.1\ckfinder\CKFinderJava\WEB-INF\lib（复制全部 jar 文件）
- ckeditor-java-core-3.5.3\ckeditor-java-core-3.5.3\ ckeditor-java-core-3.5.3.jar（只选其中一个 jar 文件进行复制）

第三步：删除无用的文件。

首先是 ckeditor 下面的文件：

_sample，_source，CHANGES.html，ckeditor_php4.p，ckeditor_php5.php，ckeditor.asp，ckeditor.pack，INSTALL.html，LICENSE.html

然后是 ckfinder 下面的文件：

_samples，help，changelog.txt，install.txt，license.txt，translation.txt

第四步：修改配置文件 config.xml。

① <enabled>false</enabled>，将 false 改为 true，即变成<enabled>true</enabled>。

② 将<baseURL>/CKFinderJava/userfiles/</baseURL>改为<baseURL> newsxt/userfiles/ </baseURL>，注意 userfiles 前面的路径名称一定是项目名字，且前面没有字符“/”。

第五步：在 web.xml 中增加如下代码。

```
<servlet>
        <servlet-name>ConnectorServlet</servlet-name>
        <servlet-class>com.ckfinder.connector.ConnectorServlet</servlet-class>
        <init-param>
            <param-name>XMLConfig</param-name>
            <param-value> /WEB-INF/config.xml </param-value>
        </init-param>
        <init-param>
            <param-name>debug</param-name>
            <param-value> false </param-value>
        </init-param>
        <load-on-startup> 1 </load-on-startup>
    </servlet>
    <servlet-mapping>
        <servlet-name>ConnectorServlet</servlet-name>
        <url-pattern>/ckfinder/core/connector/java/connector.java</url-pattern>
    </servlet-mapping>
    <filter>
        <filter-name>FileUploadFilter</filter-name>
        <filter-class>com.ckfinder.connector.FileUploadFilter</filter-class>
        <init-param>
            <param-name>sessionCookieName</param-name>
            <param-value>JSESSIONID</param-value>
        </init-param>
        <init-param>
            <param-name>sessionParameterName</param-name>
            <param-value>jsessionid</param-value>
        </init-param>
    </filter>
    <filter-mapping>
        <filter-name>FileUploadFilter</filter-name>
        <url-pattern>/ckfinder/core/connector/java/connector.java</url-pattern>
```

```
</filter-mapping>
<session-config>
    <session-timeout>10</session-timeout>
</session-config>
```

第六步：修改 ckeditor/config.js 文件的内容。

```
CKEDITOR.editorConfig = function( config )
{
    config.filebrowserBrowseUrl =  '/ckfinder/ckfinder.html';
    config.filebrowserImageBrowseUrl =  '/ckfinder/ckfinder.html?type=Images';
    config.filebrowserFlashBrowseUrl =  '/ckfinder/ckfinder.html?type=Flash';
    config.filebrowserUploadUrl =  '/ckfinder/core/connector/java/connector.java? command =
QuickUpload&type=Files';
    config.filebrowserImageUploadUrl =  '/ckfinder/core/connector/java/connector.java?
command=QuickUpload&type=Images';
    config.filebrowserFlashUploadUrl =  '/ckfinder/core/connector/java/connector.java?
command=QuickUpload&type=Flash';
    config.filebrowserWindowWidth = '1000';
    config.filebrowserWindowHeight = '700';
    config.language =  "zh-cn" ;
};
```

第七步：修改 addnews.jsp 文件的内容。

代码见前面已写好的 addnews.jsp 页面。

第八步：解决上传中文文件名不能识别图像或动画的问题。

找到 Tomcat/config/server.xml。

```
<Connector port="80" protocol="HTTP/1.1"
               connectionTimeout="20000"
               redirectPort="8443" URIEncoding="utf-8" />
```

这个设置中加上的 URIEncoding 是为了在访问时，即使访问路径中出现中文也能正常访问。

2）新闻添加成功页面（addnewsok.jsp）

填写新闻标题、内容之后，单击“提交”按钮，跳转到新闻添加成功页面 addnewsok.jsp，这个页面主要完成的功能是将新闻标题、内容和发布时间添加到数据库表 adminnews 中。实现代码如下：

```
<%@ page language="java" contentType="text/html; charset=UTF-8"
    pageEncoding="UTF-8"%>
  <%@ include file="conndb.jsp" %>
<%
    request.setCharacterEncoding("utf-8");


    String newstitle=request.getParameter("newstitle");
```

```
        String newscontent=request.getParameter("newscontent");

        String sql="insert into adminnews(newstitle,newscontent,newstime) values(?,?,?)";
        PreparedStatement pstm=conn.prepareStatement(sql);
        pstm.setString(1,newstitle);
        pstm.setString(2,newscontent);
        pstm.setDate(3,new Date(new java.util.Date().getTime()));   //注意添加时间的写法
        pstm.executeUpdate();
        out.print("<script>");
        out.print("alert('新闻已添加 ');");
        out.print("location.href='adminnews.jsp';");
        out.print("</script>");
    %>
```

【友情提示】关于添加时间的写法。

由于 setDate 方法中认可的是 java.sql.Date，所以需要对获取的 java.util.Date()进行强制转换。

3）新闻添加后转到新闻管理首页

新闻添加到数据库以后，将会自动转到新闻管理首页 adminnews.jsp，同时能够将刚刚添加的信息显示出来，如图 7.9 所示。

新闻管理系统			
添加新闻			
标题	时间	修改	删除
新闻系统开通了	2013-01-22	修改	删除
			更多

图 7.9　新闻添加后的显示

4）新闻详细浏览页面（adminnewsinfo.jsp）

在新闻管理首页面中只显示了新闻标题和发布时间，而关于新闻的具体内容则可以通过作用在新闻标题上的超级链接弹出页面 adminnewsinfo.jsp 查看，如图 7.10 所示。

注意：标题上的超级链接一定要跟上能代表唯一值的变量指定具体新闻信息，否则程序就不清楚到底要显示哪条新闻，这里使用标志 id 传递值，如<a href="adminnewsinfo.jsp?id=<%=rs.getInt("id")%>"><%=rs.getString("newstitle")%></a>。

代码如下所示：

```
<%@ page language="java" contentType="text/html; charset=UTF-8"
    pageEncoding="UTF-8"%>
<!DOCTYPE html PUBLIC "-//W3C//DTD HTML 4.01 Transitional//EN" "
http://www.w3.org/TR/html4/loose.dtd">
<%@ include file="conndb.jsp" %>
<%
    int id=Integer.parseInt(request.getParameter("id"));
    String sql="select * from adminnews where id=?";
    PreparedStatement pstm=conn.prepareStatement(sql);
```

```
    pstm.setInt(1,id);
    ResultSet rs=pstm.executeQuery();
%>
<html>
<head>
<meta http-equiv="Content-Type" content="text/html; charset=UTF-8">
<title>Insert title here</title>
</head>
<body>
<table width="100%" border="1">
<%
    if(rs.next()){
%>
        <tr>
          <td><div align="center"><%=rs.getString("newstitle") %></div></td>
        </tr>
        <tr>
          <td><%=rs.getString("newscontent") %></td>
        </tr>
        <tr>
        <td>[<%=rs.getDate("newstime") %>][<a href="javascript:window.close();">关闭窗口
        </a>]</td>
        </tr>
        <%} %>
</table>
</body>
</html>
```

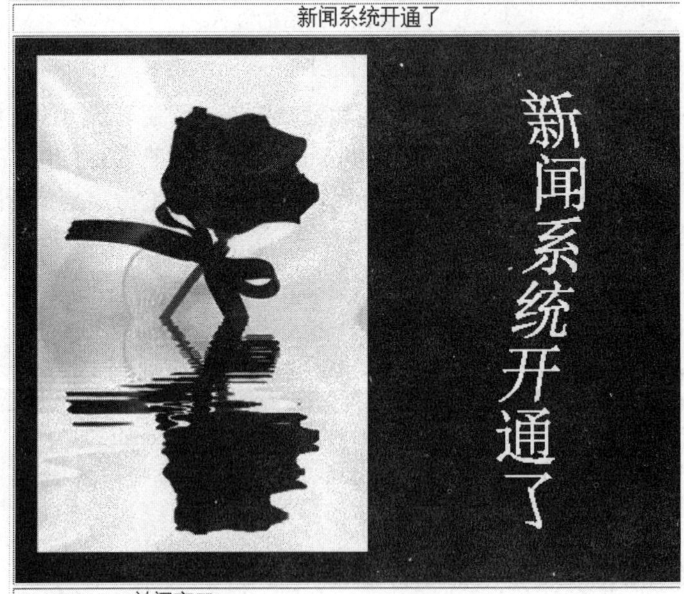

图 7.10　新闻详细浏览页面

【**友情提示**】关于 Integer.parseInt 的用法。

```
int id=Integer.parseInt(request.getParameter("id"));
```

上面这行代码的作用是获取前页传过来的 id 值，但由于 request 对象的 getParameter 方法获取值都是字符型，所以这里必须使用 Integer.parseInt 强制将字符型转换为整数型。

3．新闻信息的删除（delnews.jsp）

作用在“删除”的超链接一定要使用“?”传值方式，加上能代表唯一值的变量指定具体要删除的新闻信息，否则程序就不清楚到底要删除哪条新闻。这里使用标志 id 传递值，如<a href="delnews.jsp?id=<%=rs.getInt("id") %>">删除</a>。删除数据表 adminnews 中的新闻信息后自动跳转到新闻管理首页（adminnews.jsp）。实现代码如下所示：

```
<%@ page language="java" contentType="text/html; charset=UTF-8"
    pageEncoding="UTF-8"%>
<%@ include file="conndb.jsp" %>
<%
    int id=Integer.parseInt(request.getParameter("id"));
    String sql="delete from adminnews where id=?";
    PreparedStatement pstm=conn.prepareStatement(sql);
    pstm.setInt(1,id);
    pstm.executeUpdate();
    out.print("<script>");
    out.print("alert('信息已删除 ');");
    out.print("location.href='adminnews.jsp';");
    out.print("</script>");
%>
<%
    pstm.close();
    conn.close();
%>
```

4．新闻信息的修改

新闻信息的修改需要经过两个步骤，第一个步骤是读出要修改的信息，第二个步骤是对已读出的原新闻信息进行修改。同理，在整个修改过程中，也一定要使用“?”传值方式，加上能代表唯一值的变量指定具体要修改的新闻信息，否则程序就不清楚到底要修改哪条新闻。这里使用标志 id 传递值，如<a href="updatenews.jsp?id=<%=rs.getInt("id") %>">修改</a>。修改数据表 adminnews 中的新闻信息后自动跳转到新闻管理首页(adminnews.jsp)。

1）读出要修改的新闻信息（updatenews.jsp）

首先根据标志 id 读出要修改的新闻信息，如图 7.11 所示，实现代码如下：

```
<!DOCTYPE unspecified PUBLIC "-//W3C//DTD HTML 4.01 Transitional//EN"
"http://www.w3.org/TR/html4/loose.dtd">
<%@page pageEncoding="UTF-8" contentType="text/html; charset=UTF-8"%>
```

```
<%@ taglib uri="http://ckfinder.com" prefix="ckfinder"%>
<%@ taglib uri="http://ckeditor.com" prefix="ckeditor" %>
<%@ include file="conndb.jsp" %>
<%
    int id=Integer.parseInt(request.getParameter("id"));
    String sql="select * from adminnews where id=?";
    PreparedStatement pstm=conn.prepareStatement(sql);
    pstm.setInt(1,id);
    ResultSet rs=pstm.executeQuery();
%>
<html>
<body>
<form action="updatenewsok.jsp" method="post">
<table width="100%" border="1">
<tr>
    <td colspan="2"><div align="center"><strong>修改新闻</strong> </div></td>
</tr>
<%
    if(rs.next()){//读取具体信息前一定要进行判断
%>
        <tr>
          <td width="12%">题目</td>
          <td width="88%"><label>
            <input type="text" name="newstitle" id="textfield" value="<%= rs.getString
            ("newstitle") %>"/>
          </label></td>
        </tr>
        <tr>
          <td>内容</td>
          <td><label>
          <textarea cols="80" id="newscontent" name="newscontent" rows="10"><%=
          rs.getString("newscontent") %></textarea>
          </label></td>
        </tr>
        <%
    }
        %>
<tr>
       <td colspan="2"><div align="center">
        <label>
        <input type="submit" name="button" id="button" value="修改" />
        <input type="hidden" name="id" value="<%=id%>"/>
```

```
            </label>
          </div></td>
        </tr>
      </table>
      </form>
      <ckfinder:setupCKEditor basePath="ckfinder/" editor="newscontent" />
      <ckeditor:replace replace="newscontent" basePath="ckeditor/" />
      </body>
      </html>
```

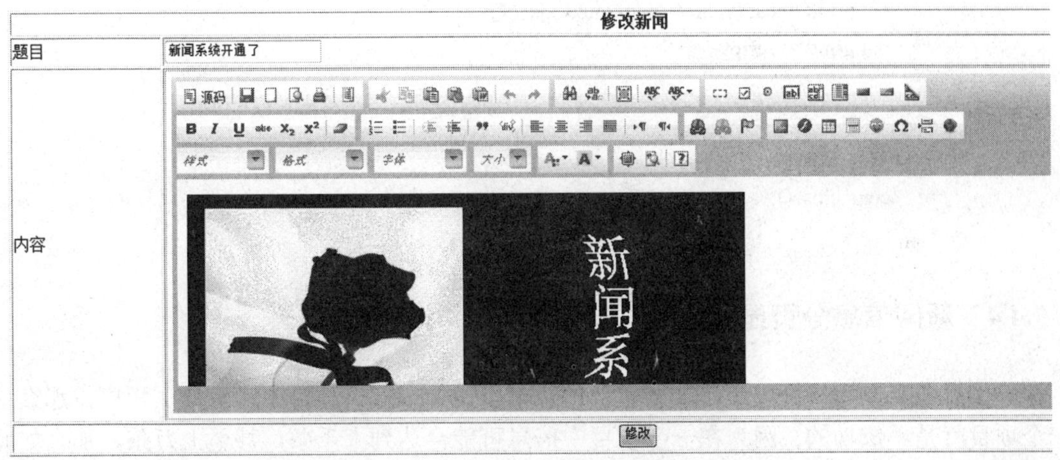

图 7.11　读取要修改的新闻信息

【友情提示】使用 hidden 传递值方式。

通常在表单中实现隐性传递值，就用隐藏域 hidden 来实现，如本书实例：

```
<input type="hidden" name="id" value="<%=id%>"/>
```

至此，关于传递值的两种主要方法就都已介绍过了，其中在超链接中传递值，采用“?变量=值”方式；而在表单中传递值，则采用“hidden”隐藏域。

2）修改成功页面（updatenewsok.jsp）

修改新闻标题、内容之后，单击“修改”按钮，跳转到新闻修改成功页面 updatenewsok.jsp，这个页面主要完成修改数据库表 adminnews 中原有新闻标题、内容和发布时间。新闻信息修改后自动跳转到新闻管理首页(adminnews.jsp)，实现代码如下：

```
<%@ page language="java" contentType="text/html; charset=UTF-8"
    pageEncoding="UTF-8"%>
<%@ include file="conndb.jsp" %>
<%
    request.setCharacterEncoding("utf-8");
    String newstitle=request.getParameter("newstitle");
    String newscontent=request.getParameter("newscontent");
    int id=Integer.parseInt(request.getParameter("id"));
```

```
        String sql="update   adminnews set newstitle=?, newscontent=?,newstime=? where id=?";
        PreparedStatement pstm=conn.prepareStatement(sql);
        pstm.setString(1,newstitle);
        pstm.setString(2,newscontent);
        pstm.setDate(3,new Date(new java.util.Date().getTime()));
        pstm.setInt(4,id);
        pstm.executeUpdate();
        out.print("<script>");
        out.print("alert('信息已修改 ');");
        out.print("location.href='adminnews.jsp';");
        out.print("</script>");
%>
<%
        pstm.close();
        conn.close();
%>
```

7.4.4 新闻信息分页显示

信息分页在程序开发中是非常重要的，可以说如果一个项目中没有分页程序，那么这个项目就是不成功的。因为在一个项目中信息可能会达到上千条，甚至上万条，那么如此之多的新闻不可能在一个页面显示所有信息，必须通过分页程序显示。分页显示新闻使用 JDBC 链接数据库是有要求的：只能使用 Statement 对象，不能使用 PreparedStatement 对象，而且必须指定 ResultSet 类型，如 ResultSet.TYPE_SCROLL_SENSITIVE 和 ResultSet. CONCUR_UPDATABLE，分别代表允许在列表中向前或向后移动、指定可以更新 ResultSet。在新闻管理首页中单击"更多"选项，进入分页信息显示页 adminnewsmore.jsp，如图 7.12 所示。具体实现代码如下：

```
<%@ page language="java" import="java.util.*" pageEncoding="UTF-8"%>
<%@ page import="java.sql.*"%>
<%
    Class.forName("com.microsoft.sqlserver.jdbc.SQLServerDriver");
    String url="jdbc:sqlserver://localhost:1433;DatabaseName=adminNews";
    Connection conn=DriverManager.getConnection(url,"news","123456");
    Statement stmt=conn.createStatement(ResultSet.TYPE_SCROLL_SENSITIVE,
                    ResultSet.CONCUR_UPDATABLE);
        //必须使用 Statement 对象，同时指定 ResultSet 类型
    ResultSet rs;
    String sql;
%>
    <!DOCTYPE HTML PUBLIC "-//W3C//DTD HTML 4.01 Transitional//EN">
    <html>
```

```
<head>
<title>My JSP 'view.jsp' starting page</title>
<meta http-equiv="pragma" content="no-cache">
<meta http-equiv="cache-control" content="no-cache">
<meta http-equiv="expires" content="0">
<meta http-equiv="keywords" content="keyword1,keyword2,keyword3">
<meta http-equiv="description" content="This is my page">
<!--
<link rel="stylesheet" type="text/css" href="styles.css">
-->
</head>
<body>
<table width="100%" border="1">
<tr>
    <td colspan="4"><div align="center">新闻系统</div></td>
</tr>
<tr>
    <td width="50%"><strong>标题</strong></td>
    <td width="26%"><strong>时间</strong></td>
    <td width="13%"><strong>修改</strong></td>
    <td width="11%"><strong>删除 </strong></td>
</tr>
<%
    sql="select * from adminnews order by id desc";
    rs= stmt.executeQuery(sql);
    boolean havaRecords = false;        //定义一个变量
    int pageSize=5;                     //每页显示的条目数 5
    int recordCount=0;                  //记录总数
    int pageCount=0;                    //总页数
    int showPage=1;                     //当前页
    rs.last();
    recordCount=rs.getRow();
    //System.out.println(recordCount);
    pageCount=(recordCount % pageSize==0)?(recordCount/pageSize):(recordCount/pageSize+1);
    String Page=request.getParameter("page");
    //System.out.println("page: "+Page);
    if (Page!=null)
    {
        showPage=Integer.parseInt(Page);
        if (showPage>pageCount)
            showPage=pageCount;
        else if(showPage<0)
```

```
            showPage=1;
    }else
          showPage=1;
    if (recordCount>0)
    {
          havaRecords=true;
          rs.absolute((showPage-1)*pageSize+1);
          for (int i=0;i<pageSize;i++)
         {
%>
            <tr>
            <td><a href="adminnewsinfo.jsp?id=<%=rs.getInt("id") %>"><%=rs.getString ("newstitle")
                  %></a></td>
            <td>[<%=rs.getDate("newstime")%>]</td>
            <td><a href="updatenews.jsp?id=<%=rs.getInt("id") %>">修改</a></td>
            <td><a href="delnews.jsp?id=<%=rs.getInt("id") %>">删除</a></td>
            </tr>
            <%
            if (!rs.next())
            break;
         }
     }
            %>
<tr>
    <td height="30" colspan="4"><div align="left">第 <font color=black ><%= showPage%>
    </font> 页 / 共 <%=pageCount%> 页<%
    int j,k,m,p;
    p=3;       //每次 10 个页码
    int tp=(showPage-1)/p;
    int endp=(tp*p)+p;
    if(endp>pageCount)
    {
        endp=pageCount;
    }
%>
<% if(showPage>p){%>
    <a href="<%=request.getRequestURI() %>?page=<%=(tp*p)%>" style="FONT- FAMILY:webdings;"
            title="上<%=p%>页">9</a>
<%}else{%>
    <span style="font-family:webdings;">9</span>
<%}%>
<% if (showPage>1) {%>
```

```
        <a href="<%=request.getRequestURI() %>?page=<%=showPage-1%>"
        style="FONT-FAMILY:webdings;" title="上一页">7</a>
<%}else{%>
        <span style="font-family:webdings;">7</span>
<%}%>
<%
        for(j=(tp*p)+1;j<=endp;j++){
%>
        <a href="<%=request.getRequestURI() %>?page=<%=j%>"><%=j%></a>
        <%}%>
<% if (showPage<pageCount) {%>
        <a  href="<%=request.getRequestURI()  %>?page=<%=showPage+1%>"  style="FONT-FAMILY:
                webdings;" title="下一页">8</a>
<%}else{%>
        <span style="font-family:webdings;">8</span>
<%}%>
<% if(endp<pageCount){%>
        <a href="<%=request.getRequestURI() %>?page=<%=(tp*p)+p+1%>" style="FONT-FAMILY:
                webdings;" title="下<%=p%>页">:</a>
<%}else{%>
        <span style="font-family:webdings;">:</span>
<%}%>
<%
        if(!havaRecords){
%>
                <tr>
                <td colspan="4" align="center"><font color=red> 暂时无新闻</font></td>
                </tr>
                <%
        }
                %>
</table>
<%
//
        rs.close();
        stmt.close();
        conn.close();
%>
</body>
</html>
```

新闻系统			
标题	**时间**	**修改**	**删除**
未来5年 新技术变革基础教育	[2013-01-22]	修改	删除
教育部公布第一批教育信息化试点单位名单	[2013-01-22]	修改	删除
电子书包应用到教学面临的十大挑战	[2013-01-22]	修改	删除
国家教育资源公共服务平台开通	[2013-01-22]	修改	删除
《学位论文作假行为处理办法》2013年1月1日起实施	[2013-01-22]	修改	删除
第 1页 /共 2页 ⏮ ◀◀ 1 2 ▶▶ ⏭			

图 7.12　分页显示新闻信息

【知识扩展】在分页显示中实现新闻修改后仍能定位到被修改的信息所在页面。

若想实现在分页显示新闻中，修改某条新闻后，仍能定位到被修改的信息所在页面，需要将作用在“修改”按钮上的传递值通过两个变量进行控制，即代表唯一值的 id 和页码 page，仅局部代码发生了变化，其他多数代码不变。部分代码如下所示。

● 分页显示信息页 adminnewsmore.jsp：

```
……………………
<td><a  href="updatenews.jsp?id=<%=rs.getInt("id") %>&page=<%= showPage%>">修改
</a></td>
……………………
```

● 读出修改信息页 updatenews.jsp：

```
……………………………
int id=Integer.parseInt(request.getParameter("id"));
int pg=Integer.parseInt(request.getParameter("page"));
……………………………………
<input type="submit" name="button" id="button" value="修改" />
<input type="hidden" name="id" value="<%=id%>"/>
<input type="hidden" name="pg" value="<%=pg%>"/>
……………………………………
```

● 修改成功页并返回修改信息所在页面 updatenewsok.jsp：

```
……………………………………
int id=Integer.parseInt(request.getParameter("id"));
int pg=Integer.parseInt(request.getParameter("pg"));
……………………………………
response.sendRedirect("newsmore.jsp?page="+pg);
    //注意：使用重定向跳转，同时使用“?”传值方式传递变量 page，
    //可实现修改后仍能定位在被修改信息所在页面
……………………………………
```

【举一反三】如何实现在分页显示中删除新闻后仍能定位到被删除的信息所在页面。

7.4.5　新闻信息检索

在众多新闻中，如何能够快速查到所需新闻，需要利用检索功能来解决这个问题。一般来说，在大型项目中，都要加上一个检索功能，可便于用户快速、方便地查看所需信息。具体实现过程如下。

（1）在新闻管理首页面（adminnews.jsp）加上一个表单查询，页面如图 7.13 所示（adminsearchnews.jsp），实现代码如下：

```
...
<body>
<form name="form" action="adminsearchnews.jsp" method="post">
  <table   width="100%" border="1">
    <tr>
    <td><strong>新闻查找</strong></td>
    <td colspan="2"><input type="text" name="newskeyword"/></td>
    <td><input type="submit" name="submit" value="查找"/></td>
    </tr>
  </table>
</form>
...
```

新闻查找		查找

新闻管理系统			
添加新闻			
标题	时间	修改	删除
未来5年 新技术变革基础教育	2013-01-22	修改	删除
教育部公布第一批教育信息化试点单位名单	2013-01-22	修改	删除
电子书包应用到教学面临的十大挑战	2013-01-22	修改	删除
国家教育资源公共服务平台开通	2013-01-22	修改	删除
《学位论文作假行为处理办法》2013年1月1日起实施	2013-01-22	修改	删除
			更多

图 7.13　新闻查找表单页

（2）在查找文本框中输入关键词，如“教育”，单击“查找”按钮，进入查询页面 adminsearchnews.jsp，查找结果如图 7.14 所示，结果中出现检索关键词，采用 replace 方法实现红色标志。实现代码如下：

```
<%@ page language="java" contentType="text/html; charset=UTF-8"pageEncoding="UTF-8"%>
<%@ include file="conndb.jsp" %>
<!DOCTYPE html PUBLIC "-//W3C//DTD HTML 4.01 Transitional//EN"
"http://www. w3.org/TR/html4/loose.dtd">
<html>
```

```
<head>
<meta http-equiv="Content-Type" content="text/html; charset=UTF-8">
<title>Insert title here</title>
</head>
<body>
<form name="form" action="adminsearchnews.jsp" method="post">
  <table   width="100%" border="1">
    <tr>
    <td><strong>新闻查找</strong></td>
    <td colspan="2"><input type="text" name="newskeyword"/></td>
    <td><input type="submit" name="submit" value="查找"/></td>
    </tr>
  </table>
</form>
<table width="100%" border="1">
  <tr>
    <td colspan="4"><div align="center"><strong>新闻查找结果显示</strong></div> /td>
  </tr>
  <tr>
    <td width="50%"><strong>标题</strong></td>
    <td width="26%"><strong>时间</strong></td>
    <td width="13%"><strong>修改</strong></td>
    <td width="11%"><strong>删除  </strong></td>
  </tr>
  <%
        request.setCharacterEncoding("utf-8");
        String newskeyword=request.getParameter("newskeyword");
        //第一种方法
        //String sql="select * from adminnews where newstitle like '%"+newskeyword+"%' order
        //by id desc";
        //Statement stm=conn.createStatement();
        //ResultSet rs=stm.executeQuery(sql);
        //…
        //第二种方法
        String sql="select * from adminnews where newstitle like ? order by id desc";
        PreparedStatement pstm=conn.prepareStatement(sql);
        pstm.setString(1,"%"+newskeyword+"%");
        ResultSet rs=pstm.executeQuery();
        boolean havaRecords = false;
  %>
  <%
        while(rs.next()){
```

```
                havaRecords=true;
%>
                <tr>
                  <td><a href="adminnewsinfo.jsp?id=<%=rs.getInt("id") %>" target="_blank">
                  <%= rs.getString("newstitle").replace(newskeyword,"<font color=red>"+
                  newskeyword+"</font>")%></a></td>
                  <td><%=rs.getDate("newstime") %></td>
                  <td><a href="updatenews.jsp?id=<%=rs.getInt("id") %>">修改</a></td>
                  <td><a href="delnews.jsp?id=<%=rs.getInt("id") %>">删除</a></td>
                </tr>

<%
         }
%>
<%
   if(!havaRecords){
%>
              <Tr>
              <td    colspan="4" align="center">
              <font color=red>暂无信息</font>
              </td>
              </Tr>
<%
}
%>
</table>
</body>
</html>
```

新闻查找		查找

新闻查找结果显示			
标题	时间	修改	删除
未来5年 新技术变革基础教育	2013-01-22	修改	删除
教育部公布第一批教育信息化试点单位名单	2013-01-22	修改	删除
国家教育资源公共服务平台开通	2013-01-22	修改	删除
2013年全国教育工作会议召开	2013-01-22	修改	删除
教育民生：教育新起点的一抹亮色	2013-01-22	修改	删除

图 7.14　查找结果显示

【友情提示】模糊查询的两种不同语句结构。

① 使用 Statement 对象实现的模糊查询，代码如下：

```
...
String sql="select * from adminnews where newstitle like '%"+newskeyword+"%' order by id desc";
```

```
Statement stm=conn.createStatement();
ResultSet rs=stm.executeQuery(sql);
...
```

② 使用 PreparedStatement 对象实现的模糊查询，代码如下：

```
...
String sql="select * from adminnews where newstitle like ? order by id desc";
PreparedStatement pstm=conn.prepareStatement(sql);
pstm.setString(1,"%"+newskeyword+"%");
ResultSet rs=pstm.executeQuery();
...
```

【知识扩展】replace 的用法：可实现检索关键词在结果中用红色标志。

Replace 的语法结构：

```
replace(char oldChar, char newChar)
```

作用：返回一个新的字符串，它是通过用 newChar 替换此字符串中出现的所有 oldChar 而生成的。例如：

```
<%
    String s = "It is very good!";
    s = s.replace("good","<font color=red>good</font>");
    out.println(s);     //结果为 It is very good!
%>
```

7.4.6 后台模块文件权限控制

正常来说，只有管理员成功登录后，才能进入后台新闻管理页面 adminnews.jsp，然后才能实现对新闻的增、删、改和查等操作。但是，现在如果直接在浏览器地址栏中输入"http://127.0.0.1:8080/newsxt/adminnews.jsp"，会发现能够打开后台新闻管理页面，也就是说目前的程序是存在漏洞的，只要记住文件路径，就能绕开后台登录直接进入后台新闻管理页面，进行相应的操作。这个后果是相当可怕的，因此必须找到一个办法去解决这个漏洞，即必须要先成功登录，然后才能正常访问后台新闻管理页面，具体实现过程如下。

（1）在后台管理员登录判断页 checklogin.jsp 中，如果判断是合法用户，则加一行代码 session.setAttribute("userid",userid);，即利用 session 对象保存登录账号 userid 的值，然后再重定向到后台新闻管理页面 adminnews.jsp，实现代码如下所示：

```
...
if(rs.next()){
    session.setAttribute("userid",userid);     //加此行代码
    response.sendRedirect("adminnews.jsp");

}
else
...
```

（2）新建一个 JSP 文件 usercheck.jsp，在页面中加上一个 if 语句的判断代码，如下所示：

```
<%
    if(session.getAttribute("userid")==null){
        response.sendRedirect("login.jsp");
    }
%>
```

注意：usercheck.jsp 页面中只有上述两行代码，没有其他代码。

if 语句的基本思想就是如果没有成功登录或没有登录，那么 session.getAttribute ("userid") 的值将是 null，页面将会重定向到登录页 login.jsp。

（3）在后台新闻管理首页 adminnews.jsp 中，通过 include 指令加入如下代码：

```
<%@ include file="usercheck.jsp"%>
```

格式如下：

```
<%@ page language="java" contentType="text/html; charset=UTF-8"pageEncoding="UTF-8"%>
<%@ include file="usercheck.jsp" %>
<%@ include file="conndb.jsp" %>
...
```

（4）关闭所有网页，重新在浏览器地址栏中输入"http://127.0.0.1:8080/newsxt/ adminnews.jsp"，页面会自动跳转到登录页 login.jsp。至此，后台新闻管理页面必须在管理员成功登录后才能访问，新闻信息的安全性得到了保障。同理，其他后台管理页面，如 addnews.jsp、udpatenews.jsp、delnews.jsp 等也都要加上<%@ include file="usercheck.jsp"%>。

【知识扩展】使用 jspSmartUpload 组件实现文件的上传和下载。

1．下载 jspSmartUpload 组件

jspSmartUpload 是一个可免费使用的全功能的文件上传和下载组件，适于嵌入执行上传和下载操作的 JSP 文件中。可在网站 http://www.jspsmart.com 或百度搜索中下载 jspSmartUpload 组件，然后将 jspSmartUpload.jar 文件复制到 WEB-INF/lib 中。

2．使用 jspSmartUpload 组件实现文件的上传

1）新闻数据表设计

在表 7.2 中增加一个字段 appendix，其表结构如表 7.4 所示。

表 7.4　新闻表（adminnews）

新闻表（adminnews）			
列　名	数 据 类 型	是 否 为 空	说　明
id	Int	否	设为标志
newstitle	varchar(200)	否	标题
newscontent	varchar(max)	否	内容
newstime	datetime	否	发布时间
appendix	varchar(max)	是	附件

2）使用 jspSmartUpload 组件的文件上传页面

对于上传文件的 FORM 表单（页面效果如图 7.15 所示）有两个要求：一是 METHOD 应用必须为 POST，即 METHOD="POST"；二是增加属性 ENCTYPE="multipart/form-data"。实现代码（addnews.jsp）如下：

```
<%@page pageEncoding="UTF-8" contentType="text/html; charset=UTF-8"%>
<%@ taglib uri="http://ckfinder.com" prefix="ckfinder"%>
<%@ taglib uri="http://ckeditor.com" prefix="ckeditor" %>
<html>
<body>
        <form action="addnewsok.jsp" method="post" enctype="multipart/form-data">
        <table width="100%" border="1">
        <tr>
          <td colspan="2"><div align="center"><strong>添加新闻</strong></div>
        </td>
        </tr>
        <tr>
          <td width="12%">题目</td>
          <td width="88%"><label>
            <input type="text" name="newstitle" id="textfield" />
          </label></td>
        </tr>
        <tr>
          <td>内容</td>
          <td><label>
          <textarea cols="80" id="newscontent" name="newscontent" rows="10"></textarea>
          </label></td>
        </tr>
        <tr>
          <td>附件</td>
          <td><label>
              <input type="file" name="appendix" />
          </label></td>
        </tr>
        <tr>
          <td colspan="2"><div align="center">
            <label>
            <input type="submit" name="button" id="button" value="提交" />
            </label>
          </div></td>
        </tr>
      </table>
```

```
    </form>
<ckfinder:setupCKEditor basePath="ckfinder/" editor="newscontent" />
<ckeditor:replace replace="newscontent" basePath="ckeditor/" />
</body>
</html>
```

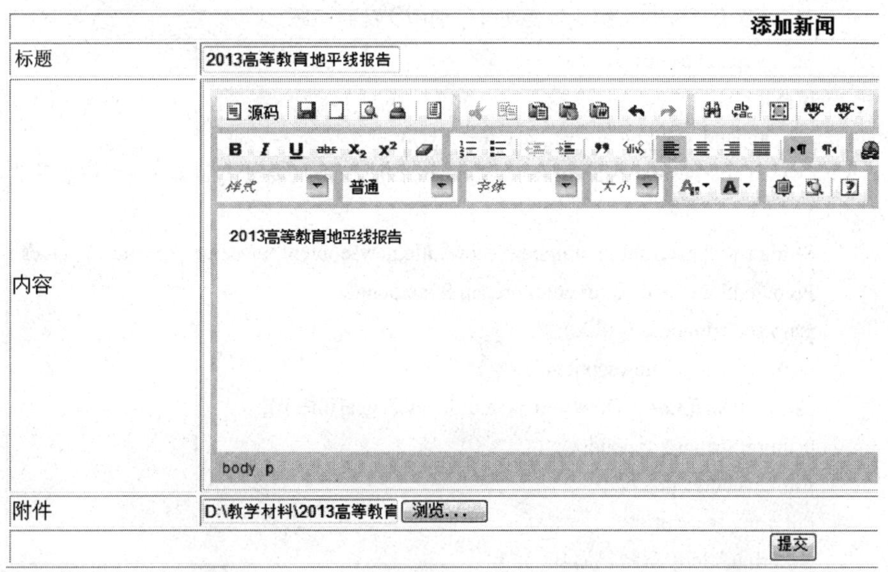

图 7.15　使用 jspSmartUpload 组件的文件上传页面

3）使用 jspSmartUpload 组件的文件上传处理页面

填写新闻标题、内容并选择上传文件之后，单击“提交”按钮，跳转到文件上传处理页面 addnewsok.jsp，这个页面主要完成的功能是将新闻标题、内容、发布时间和上传文件的相对路径添加到数据库表 adminnews 中。值得注意的是要引入 jspsmart 包。实现代码如下：

```
<%@ page language="java" contentType="text/html; charset=UTF-8"pageEncoding="UTF-8"%>
<%@ include file="conndb.jsp" %>
<%@ page import="java.util.*,com.jspsmart.upload.*" %>
<%@ page import="java.sql.Date" %>
<%
    //新建一个 SmartUpload 对象
    SmartUpload su = new SmartUpload();
    //上传初始化
    su.initialize(pageContext);
    //上传文件
    su.upload();

    request.setCharacterEncoding("utf-8");
```

```
        String newstitle=su.getRequest().getParameter("newstitle");
        String newscontent=su.getRequest().getParameter("newscontent");
        String ext=su.getFiles().getFile(0).getFileExt();
        Calendar calendar=Calendar.getInstance();
        String filename=String.valueOf(calendar.getTimeInMillis());
            //重命文件名，解决上传文件中的中文乱码问题
        String appendix=null;
        if(ext!=''){
            appendix="/upload/"+filename+"."+ext;
            su.getFiles().getFile(0).saveAs(appendix);   //将上传文件全部保存到指定目录
        }
        String sql="insert into adminnews(newstitle,newscontent,newstime,appendix) values (?,?,?,?)";
        PreparedStatement pstm=conn.prepareStatement(sql);
        pstm.setString(1,newstitle);
        pstm.setString(2,newscontent);
        pstm.setDate(3,new Date(new java.util.Date().getTime()));
        pstm.setString(4,appendix);
        pstm.executeUpdate();
        out.print("<script>");
        out.print("alert('新闻已添加 ');");
        out.print("location.href='adminnews.jsp';");
        out.print("</script>");
%>
```

3．使用 jspSmartUpload 组件实现文件的下载

在页面 adminnewsinfo.jsp 中可以下载和观看上传的附件（注意：如果没有添加附件，页面将不显示附件下载），如图 7.16 所示。实现代码如下所示：

```
<%@ page language="java" contentType="text/html; charset=UTF-8"pageEncoding="UTF-8"%>
<%@ include file="conndb.jsp" %>
<%
    int id=Integer.parseInt(request.getParameter("id"));
    String sql="select * from adminnews where id=?";
    PreparedStatement pstm=conn.prepareStatement(sql);
    pstm.setInt(1,id);
    ResultSet rs=pstm.executeQuery();
%>
<html>
<head>
<meta http-equiv="Content-Type" content="text/html; charset=UTF-8">
<title>Insert title here</title>
</head>
```

```
<body>
<table width="100%" border="1">
<%
    if(rs.next()){
%>
        <tr>
            <td><div align="center"><%=rs.getString("newstitle") %></div></td>
        </tr>
        <tr>
            <td><%=rs.getString("newscontent") %></td>
        </tr>
        <%if(rs.getString("appendix")!=null) {%>
            <tr>
              <td>附件<a href="<%=request.getContextPath()%><%= rs.getString ("appendix")
                  %>"><%=rs.getString("appendix").s
                  ubstring(rs.getString("appendix").lastIndexOf ("/")+1)%></a></td>
            </tr>
       <%} %>
       <tr>
            <td>[<%=rs.getDate("newstime") %>][<a href="javascript:window.close();">关闭窗口
                </a>]</td>
       </tr>
    <%} %>
</table>

</body>
</html>
```

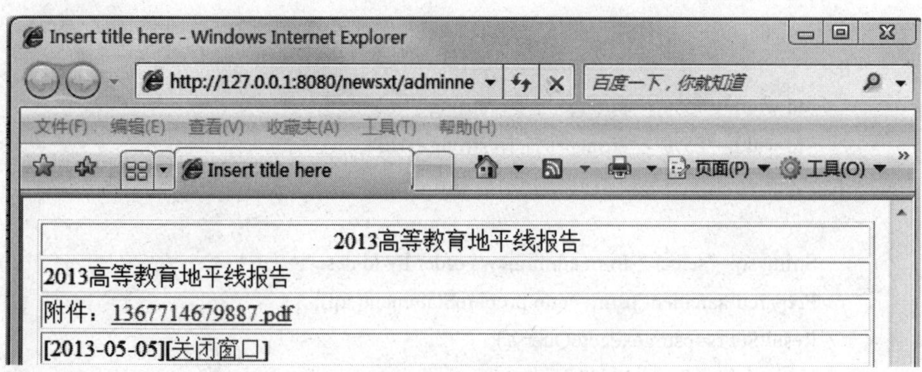

图 7.16　附件下载页面

【友情提示】request.getContextPath()详解。

request.getContextPath()应该是得到项目的名字，如果项目为根目录，则得到一个"　"，即空的字符串。如果项目为 newsxt，<%=request.getContextPath()% > 将得到 newsxt，从而解决相对路径的问题。此外，如果想得到工程文件的实际物理路径，可通过<%=request.getRealPath("/")%>实现，这样页面就会输出类似“d:/web”。

7.5 前台各功能模块的设计与实现

7.5.1 前台新闻首页

此页面可以根据新闻管理首页 adminnews.jsp 进行设计，将“添加”、“修改”和“删除”三项去掉，同时将“更多”选项的超链接由 href="adminnewsmore.jsp"改为 href="newsmore.jsp"，这样就变为前台新闻信息首页 index.jsp，界面效果如图 7.17 所示，代码如下所示：

```
<%@ page language="java" contentType="text/html; charset=UTF-8"pageEncoding="UTF-8"%>
<%@ include file="conndb.jsp" %>
<!DOCTYPE html PUBLIC "-//W3C//DTD HTML 4.01 Transitional//EN"
"http: //www.w3.org/TR/html4/loose.dtd">
<html>
<head>
<meta http-equiv="Content-Type" content="text/html; charset=UTF-8">
<title>Insert title here</title>
</head>
<body>
<table width="100%" border="1">
  <tr>
      <td colspan="4"><div align="center"><strong><a href="adminnews.jsp">新闻系统
      </a></strong></div></td>
  </tr>
  <tr>
      <td width="75%"><strong>标题</strong></td>
      <td width="25%"><strong>时间</strong></td>
  </tr>
  <%
      String sql="select * from adminnews order by id desc";
      PreparedStatement pstm=conn.prepareStatement(sql);
      ResultSet rs=pstm.executeQuery();
      boolean havaRecords = false;
  %>
  <%

      for(int i=0;i<=4;i++)
```

```
        {
            if(rs.next()){
                havaRecords=true;
%>
                <tr>
                  <td><a href="newsinfo.jsp?id=<%=rs.getInt("id") %>" target="_blank"><%=
                  rs.getString("newstitle")%></a></td>
                  <td><%=rs.getDate("newstime") %></td>
                </tr>

                <%
            }
        }
                %>
<%
    if(!havaRecords){
%>
          <Tr>
          <td   colspan="4" align="center">
          <font color=red>暂无信息</font>
          </td>
          </Tr>
<%
    }
%>


<tr>
    <td colspan="4" align="right"><a href="newsmore.jsp">更多</a></td>
</tr>
</table>
</body>
</html>
```

新闻系统	
标题	时间
未来5年 新技术变革基础教育	2013-01-22
教育部公布第一批教育信息化试点单位名单	2013-01-22
电子书包应用到教学面临的十大挑战	2013-01-22
国家教育资源公共服务平台开通	2013-01-22
《学位论文作假行为处理办法》2013年1月1日起实施	2013-01-22
	更多

图 7.17　前台新闻首页

7.5.2 前台新闻详细浏览页面并带有评论功能

前台显示某条新闻详细信息代码 newsinfo.jsp 基本与 adminnewsinfo.jsp 相同，然而不同的是在此处加上用户可以对此条新闻进行评论的功能，实现过程如下。

（1）在 newsinfo.jsp 页面中加上评论 HTML 表单（如图 7.18 所示），代码如下：

```
<%@ include file=yconndb.jsp" %>
<%
    int id=Integer.parseInt(request.getParameter("id"));
    ...

%>
...

<form id="form1" name="form1" method="post" action="remarknews.jsp">
<table width="100%" border="1">
    <tr>
      <td height="30" colspan="2" bgcolor="#999933"><strong>添加评论</strong> </td>
    </tr>
    <tr>
      <td width="9%" height="30" bgcolor="#CCCCCC">评论人：</td>
      <td width="91%" height="30"><label>
        <input type="text" name="remarkuser" />
      </label></td>
    </tr>
    <tr>
      <td height="30" bgcolor="#CCCCCC">评论内容：</td>
      <td height="30"><label>
        <textarea name="remarkcontent" cols="30" rows="10"></textarea>
      </label></td>
    </tr>
    <tr>
      <td height="30" colspan="2"><div align="center">
        <label>
        <input type="submit" name="Submit" value="评论" />
        <input type="hidden" name="id" value="<%=id%>"/>
        </label>
      </div></td>
    </tr>
</table>
</form>
```

注意：需要使用隐藏域 hidden 将 id 值传到 remarknews.jsp 页面中，作为 newsid 值（见表 7.3）。

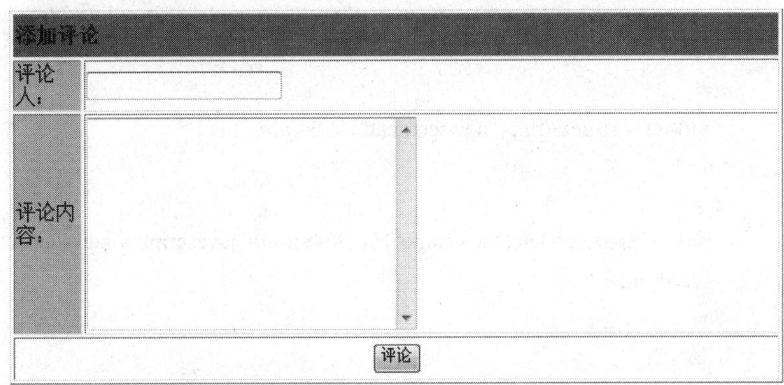

图 7.18　带有评论的某条新闻信息显示页

（2）输入评论人和评论内容之后，单击“评论”按钮，进入向数据表 remarknews 中添加评论信息的页面 remarknews.jsp，实现代码如下：

```
<%@ page language="java" contentType="text/html; charset=UTF-8"pageEncoding="UTF-8"%>
<%@ include file="conndb.jsp" %>
<%
    request.setCharacterEncoding("utf-8");
    int id=Integer.parseInt(request.getParameter("id"));
    String remarkuser=request.getParameter("remarkuser");
    String remarkcontent=request.getParameter("remarkcontent");

    String sql="insert into remarknews(newsid,remarkuser,remarkcontent,remarktime) values(?,?,?,?)";
    PreparedStatement pstm=conn.prepareStatement(sql);
    pstm.setInt(1,id);
    pstm.setString(2,remarkuser);
    pstm.setString(3,remarkcontent);
    pstm.setDate(4,new Date(new java.util.Date().getTime()));
    pstm.executeUpdate();
    response.sendRedirect("newsinfo.jsp?id="+id);
%>
```

（3）新闻添加评论后，重新跳转到新闻信息详细浏览页 newsinfo.jsp（必须传递 id 值，即 response.sendRedirect("newsinfo.jsp?id="+id)。只有指定了 id，才能真正回到该条信息所在页，否则程序将不清楚回到哪里），在该页应该显示刚才评论的相关信息（如图 7.19 所示），实现代码如下：

```
...
<table width="100%" border="1">
```

```
<%
    if(rs.next()){
%>
            <tr>
              <td><div align="center"><%=rs.getString("newstitle") %></div></td>
            </tr>
            <tr>
              <td><%=rs.getString("newscontent") %></td>
            </tr>
            <tr>
              <td>[<%=rs.getDate("newstime") %>][<a href="javascript:window.close();">关闭窗口
              </a>]</td>
            </tr>
          <%} %>
</table>

<!-- 显示评论信息开始 -->

<table width="100%" border="1">
  <tr>
    <td colspan="3"   bgcolor="#999933"><b><font color="ffffff"><div align="center">新闻评论
    </div></font></b></td>
  </tr>
  <tr>
    <td width="25%"><strong>评论人</strong></td>
    <td width="52%"><strong>评论内容</strong></td>
    <td width="23%"><strong>评论时间</strong></td>

  </tr>
  <%

  Statement stmt=conn.createStatement(ResultSet.TYPE_SCROLL_SENSITIVE,
                  ResultSet.CONCUR_UPDATA   BLE);
        //由于涉及分页，所以必须使用 Statement 对象

   String sql1="select * from remarknews where newsid="+id +" order by id desc";
      //由于上面已经定义了 sql，所以这里定义 sql1，加以区分
   ResultSet rs1= stmt.executeQuery(sql1);
      //由于上面已经定义了 rs，所以这里定义 rs1，加以区分
   boolean havaRecords = false;          //定义一个变量

   int pageSize=5;                       //每页显示的条目数
   int recordCount=0;                    //记录总数
```

```
int pageCount=0;//总页数
int showPage=1;//当前页
rs1.last();
recordCount=rs1.getRow();
//System.out.println(recordCount);
pageCount=(recordCount % pageSize==0)?(recordCount/pageSize): (recordCount /pageSize+1);
String Page=request.getParameter("page");
//System.out.println("page: "+Page);
if (Page!=null)
{
    showPage=Integer.parseInt(Page);
    if (showPage>pageCount)
        showPage=pageCount;
    else if(showPage<0)
        showPage=1;
}else
    showPage=1;

if (recordCount>0)
{
    havaRecords=true;
    rs1.absolute((showPage-1)*pageSize+1);
    for (int i=0;i<pageSize;i++)
    {
%>
            <tr>
              <td><%=rs1.getString("remarkuser") %></td>
              <td><%=rs1.getString("remarkcontent") %></td>
              <td><%=rs1.getDate("remarktime")%></td>
            </tr>
<%
            if (!rs1.next())
                break;
    }
}
%>
<tr>
    <td height="30" colspan="3"><div align="left">第 <font color=black ><%=show Page%>
        </font> 页 / 共 <%=pageCount%> 页<%
    int j,k,m,p;
```

```
        p=3;            //每次 10 个页码
        int tp=(showPage-1)/p;
        int endp=(tp*p)+p;
        if(endp>pageCount)
        {
            endp=pageCount;
        }
%>
<% if(showPage>p){%>
<a href="<%=request.getRequestURI() %>?page=<%=(tp*p)%>" style="FONT- FAMILY:webdings;"
        title="上<%=p%>页">9</a>
<%}else{%>
    <span style="font-family:webdings;">9</span>
<%}%>
<% if (showPage>1) {%>
    <a href="<%=request.getRequestURI() %>?page=<%=showPage-1%>" style="FONT-FAMILY:
            webdings;" title="上一页">7</a>
<%}else{%>
    <span style="font-family:webdings;">7</span>
<%}%>
<%
    for(j=(tp*p)+1;j<=endp;j++){
%>
        <a href="<%=request.getRequestURI() %>?page=<%=j%>"><%=j%></a>
    <%}%>
    <% if (showPage<pageCount) {%>
        <a href="<%=request.getRequestURI() %>?page=<%=showPage+1%>" style="FONT-
            FAMILY:webdings;" title="下一页">8</a>
    <%}else{%>
        <span style="font-family:webdings;">8</span>
    <%}%>
<% if(endp<pageCount){%>
    <a href="<%=request.getRequestURI() %>?page=<%=(tp*p)+p+1%>" style="FONT-FAMILY:
            webdings;" title="下<%=p%>页">:</a>
<%}else{%>
    <span style="font-family:webdings;">:</span>
<%}%>
<%
  if(!havaRecords){
%>
  <tr>
   <td colspan="3" align="center"><font color=red> 暂时无评论</font></td>
```

```
    </tr>
<%
        }
%>
</table>
    <%
        rs.close();
        stmt.close();
        conn.close();
    %>
<!-- 显示评论信息结束 -->

<!—添加评论信息开始 -->
<form id="form1" name="form1" method="post" action="remarknews.jsp">
…
```

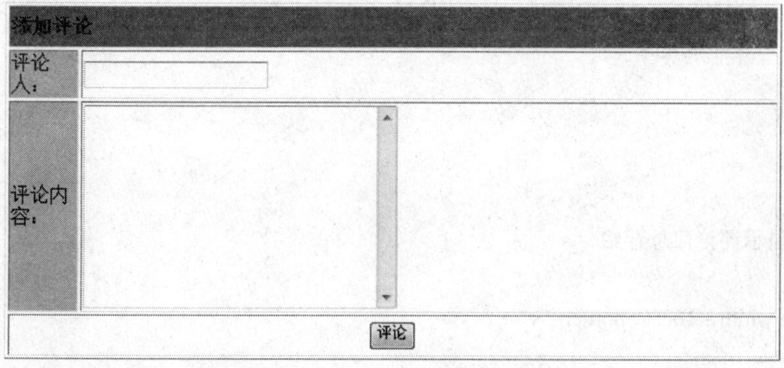

图 7.19　显示评论信息的新闻详细浏览页

（4）可根据 newsinfo.jsp 修改 adminnewsinfo.jsp 页面，在其上添加显示评论信息，再加上删除评论功能，但没有添加评论功能（如图 7.20 所示），实现代码如下：

```
<%@ page language="java" contentType="text/html; charset=UTF-8"pageEncoding="UTF-8"%>
<!DOCTYPE html PUBLIC "-//W3C//DTD HTML 4.01 Transitional//EN"
"http: //www.w3.org/TR/html4/loose.dtd">
<%@ include file="conndb.jsp" %>
<%
```

```
        int id=Integer.parseInt(request.getParameter("id"));
        String sql="select * from adminnews where id=?";
        PreparedStatement pstm=conn.prepareStatement(sql);
        pstm.setInt(1,id);
        ResultSet rs=pstm.executeQuery();
%>
<html>
<head>
<meta http-equiv="Content-Type" content="text/html; charset=UTF-8">
<title>Insert title here</title>
</head>
<body>
<table width="100%" border="1">
<%
        if(rs.next()){
            %>
          <tr>
            <td><div align="center"><%=rs.getString("newstitle") %></div></td>
          </tr>
          <tr>
            <td><%=rs.getString("newscontent") %></td>
          </tr>
          <tr>
            <td>[<%=rs.getDate("newstime") %>][<a href="javascript:window.close();">关闭窗口
            </a>]</td>
    </tr>
    <%} %>
</table>

<!-- 显示评论信息开始 -->

<table width="100%" border="1">
    <tr>
        <td colspan="4"   bgcolor="#999933"><b><font color="ffffff"><div align="center">新闻评论
        </div></font></b></td>
    </tr>
    <tr>
        <td width="20%"><strong>评论人</strong></td>
        <td width="50%"><strong>评论内容</strong></td>
        <td width="20%"><strong>评论时间</strong></td>
        <td width="10%"><strong>删除</strong></td>
    </tr>
```

```
<%

Statement stmt=conn.createStatement(ResultSet.TYPE_SCROLL_SENSITIVE,ResultSet.CONCUR_
            UPDATABLE);
     //由于涉及分页，所以必须使用 Statement 对象
String sql1="select * from remarknews where newsid="+id +" order by id desc";
     //由于上面已经定义了 sql，所以这里定义 sql1，加以区分
ResultSet rs1= stmt.executeQuery(sql1);
     //由于上面已经定义了 rs，所以这里定义 rs1，加以区分
boolean havaRecords = false;          //定义一个变量
int pageSize=5;                       //每页显示的条目数
int recordCount=0;                    //记录总数
int pageCount=0;                      //总页数
int showPage=1;                       //当前页
rs1.last();
recordCount=rs1.getRow();
//System.out.println(recordCount);
pageCount=(recordCount % pageSize==0)?(recordCount/pageSize):(recordCount /pageSize+1);
String Page=request.getParameter("page");
//System.out.println("page: "+Page);
if (Page!=null)
{
     showPage=Integer.parseInt(Page);
     if (showPage>pageCount)
          showPage=pageCount;
     else if(showPage<0)
     showPage=1;
}else
     showPage=1;

  if (recordCount>0)
  {
     havaRecords=true;
     rs1.absolute((showPage-1)*pageSize+1);
     for (int i=0;i<pageSize;i++)
     {
        %>
        <tr>
        <td><%=rs1.getString("remarkuser") %></td>
        <td><%=rs1.getString("remarkcontent") %></td>
        <td><%=rs1.getDate("remarktime")%></td>
        <td><a href="delremarknews.jsp?delid=<%=rs1.getInt("id")%>&id=<%=id%>">删除
```

```
                </a></td>
                </tr>
                <%

                if (!rs1.next())
                    break;
            }
        }
%>
<tr>
    <td height="30" colspan="4"><div align="left">第 <font color=black ><%= showPage%></font>
        页 / 共 <%=pageCount%> 页<%
    int j,k,m,p;
    p=3;//每次 10 个页码
    int tp=(showPage-1)/p;
    int endp=(tp*p)+p;
    if(endp>pageCount)
    {
        endp=pageCount;
    }
    %>
    <% if(showPage>p){%>
          <a href="<%=request.getRequestURI() %>?page=<%=(tp*p)%>" style="FONT-FAMILY:
                        webdings;" title="上<%=p%>页">9</a>
    <%}else{%>
          <span style="font-family:webdings;">9</span>
    <%}%>
    <% if (showPage>1) {%>
        <a href="<%=request.getRequestURI() %>?page=<%=showPage-1%>" style="FONT-
                     FAMILY:webdings;" title="上一页">7</a>
    <%}else{%>
          <span style="font-family:webdings;">7</span>
    <%}%>
    <%
    for(j=(tp*p)+1;j<=endp;j++){
    %>
          <a href="<%=request.getRequestURI() %>?page=<%=j%>"><%=j%></a>
        <%}%>
        <% if (showPage<pageCount) {%>
          <a href="<%=request.getRequestURI() %>?page=<%=showPage+1%>" style="FONT-
                        FAMILY:webdings;" title="下一页">8</a>
```

```
            <%}else{%>
                <span style="font-family:webdings;">8</span>
            <%}%>
            <% if(endp<pageCount){%>
                <a href="<%=request.getRequestURI() %>?page=<%=(tp*p)+p+1%>" style="FONT-
                        FAMILY:webdings;" title="下<%=p%>页">:</a>
            <%}else{%>
                <span style="font-family:webdings;">:</span>
            <%}%>
        <%
        if(!havaRecords){
        %>
        <tr>
            <td colspan="4" align="center"><font color=red> 暂时无评论</font></td>
        </tr>
        <%
        }
        %>
    </table>
        <%
        //
            rs.close();
            stmt.close();
            conn.close();
        %>
        <!-- 显示评论信息结束 -->
    </body>
    </html>
```

未来5年 新技术变革基础教育

新媒体联盟《地平线报告（2012基础教育版）》，调查了新兴技术在大学前教育阶段对教学、学习及创造性探究的潜在影响和实践应用。尽管教育实践受到许多地方因素的影响，但该报告强调基础教育还是要面对一些超越地区界限的共性问题。

[2013-01-22][关闭窗口]

新闻评论

评论人	评论内容	评论时间	删除
学生	非常有必要阅读《地平线报告》	2013-01-23	删除

第 1页 /共 1页 1

图 7.20　具体删除评论信息的详细浏览页

注意：在“删除”选项超链接上要传递两个参数，一个是要删除评论信息的 id 值，另一个是某条新闻信息的 id 值，书写结构为

```
<a href="delremarknews.jsp?delid=<%=rs1.getInt("id") %>&id=<%=id%>">删除</a>
```

（5）如果某些新闻评论信息不合适，管理员即可单击“删除”选项，进入 delremarknews.jsp 页面将该条评论信息删掉，实现代码如下：

```
<%@ page language="java" contentType="text/html; charset=UTF-8"pageEncoding="UTF-8"%>
<%@ include file="conndb.jsp" %>
<%
    int delid=Integer.parseInt(request.getParameter("delid"));
        //要删除评论信息的 id 值
    int id=Integer.parseInt(request.getParameter("id"));        //某条新闻信息的 id 值
    String sql="delete from remarknews where id=?";
    PreparedStatement pstm=conn.prepareStatement(sql);
    pstm.setInt(1,delid);
    pstm.executeUpdate();
    response.sendRedirect("adminnewsinfo.jsp?id="+id);
%>
<%
    pstm.close();
    conn.close();
%>
```

新闻评论信息删除后，根据某条新闻信息的 id 值，重新跳转到新闻信息详细浏览页 adminnewsinfo.jsp。

7.5.3 前台新闻信息分页显示

此页面可以根据后台新闻信息分页 adminnewsmore.jsp 进行设计，将“修改”和“删除”两项去掉就变为前台新闻信息分页 newsmore.jsp 了，界面效果如图 7.21 所示，代码如下：

```
<%@ page language="java" import="java.util.*" pageEncoding="UTF-8"%>
<%@ page import="java.sql.*"%>
<%
    Class.forName("com.microsoft.sqlserver.jdbc.SQLServerDriver");
    String url="jdbc:sqlserver://localhost:1433;DatabaseName=adminNews";
    Connection conn=DriverManager.getConnection(url,"news","123456");
    Statement stmt=conn.createStatement(ResultSet.TYPE_SCROLL_SENSITIVE,
    ResultSet.CONCUR_UPDATABLE);
    ResultSet rs;
    String sql;
%>
<!DOCTYPE HTML PUBLIC "-//W3C//DTD HTML 4.01 Transitional//EN">
<html>
<head>
```

```
<title>My JSP 'view.jsp' starting page</title>
<meta http-equiv="pragma" content="no-cache">
<meta http-equiv="cache-control" content="no-cache">
<meta http-equiv="expires" content="0">
<meta http-equiv="keywords" content="keyword1,keyword2,keyword3">
<meta http-equiv="description" content="This is my page">
<!--
<link rel="stylesheet" type="text/css" href="styles.css">
-->
</head>
<body>
<table width="100%" border="1">
<tr>
    <td colspan="4"><div align="center">新闻系统</div></td>
</tr>
<tr>
    <td width="74%"><strong>标题</strong></td>
    <td width="26%"><strong>时间</strong></td>
</tr>
<%
    sql="select * from adminnews order by id desc";
    rs= stmt.executeQuery(sql);
    boolean havaRecords = false;        //定义一个变量
    int pageSize=5;                     //每页显示的条目数
    int recordCount=0;                  //记录总数
    int pageCount=0;                    //总页数
    int showPage=1;                     //当前页
    rs.last();
    recordCount=rs.getRow();
    //System.out.println(recordCount);
    pageCount=(recordCount % pageSize==0)?(recordCount/pageSize):(recordCount /pageSize+1);
    String Page=request.getParameter("page");
    //System.out.println("page: "+Page);
    if (Page!=null)
    {
        showPage=Integer.parseInt(Page);
        if (showPage>pageCount)
            showPage=pageCount;
        else if(showPage<0)
            showPage=1;
    }else
```

```
            showPage=1;
        if (recordCount>0)
        {
            havaRecords=true;
            rs.absolute((showPage-1)*pageSize+1);
            for (int i=0;i<pageSize;i++)
            {
                %>
                <tr>
                <td><a href="newsinfo.jsp?id=<%=rs.getInt("id") %>"><%=rs.getString("newstitle") %>
                </a></td>
                <td>[<%=rs.getDate("newstime")%>]</td>
                </tr>
                <%
                if (!rs.next())
                    break;
                }
            }
    %>
    <tr>
        <td height="30" colspan="4"><div align="left">第 <font color=black ><%=show
        Page%></font> 页 / 共 <%=pageCount%> 页<%
        int j,k,m,p;
        p=3;        //每次 10 个页码
        int tp=(showPage-1)/p;
        int endp=(tp*p)+p;
        if(endp>pageCount)
        {
            endp=pageCount;
        }
        %>
        <% if(showPage>p){%>
            <a href="<%=request.getRequestURI() %>?page=<%=(tp*p)%>" style="FONT-FAMILY:
                    webdings;" title="上<%=p%>页">9</a>
        <%}else{%>
        <span style="font-family:webdings;">9</span>
        <%}%>
        <% if (showPage>1) {%>
            <a href="<%=request.getRequestURI() %>?page=<%=showPage-1%>" style="FONT-FAMILY:
                    webdings;" title="上一页">7</a>
        <%}else{%>
```

```
        <span style="font-family:webdings;">7</span>
    <%}%>
    <%
    for(j=(tp*p)+1;j<=endp;j++){
    %>
        <a href="<%=request.getRequestURI() %>?page=<%=j%>"><%=j%></a>
    <%}%>
    <% if (showPage<pageCount) {%>
        <a href="<%=request.getRequestURI() %>?page=<%=showPage+1%>" style="FONT-FAMILY:
                webdings;" title="下一页">8</a>
    <%}else{%>
        <span style="font-family:webdings;">8</span>
    <%}%>
    <% if(endp<pageCount){%>
        <a href="<%=request.getRequestURI() %>?page=<%=(tp*p)+p+1%>" style="FONT-FAMILY:
                webdings;" title="下<%=p%>页">:</a>
    <%}else{%>
        <span style="font-family:webdings;">:</span>
    <%}%>
    <%
    if(!havaRecords){
    %>
        <tr>
        <td colspan="4" align="center"><font color=red> 暂时无新闻</font></td>
        </tr>

<%
    }
%>
</table>
<%
//
    rs.close();
    stmt.close();
    conn.close();
%>
</body>
</html>
```

新闻系统	
标题	时间
未来5年 新技术变革基础教育	[2013-01-22]
教育部公布第一批教育信息化试点单位名单	[2013-01-22]
电子书包应用到教学面临的十大挑战	[2013-01-22]
国家教育资源公共服务平台开通	[2013-01-22]
《学位论文作假行为处理办法》2013年1月1日起实施	[2013-01-22]
第 1 页 / 共 2 页 ⏮ ⏪ 1 2 ⏩ ⏭	

图 7.21 前台新闻信息分页显示

7.5.4 前台新闻信息检索

前台新闻信息检索可以根据后台新闻管理首页 adminnews.jsp 和后台检索页 adminnewssearch.jsp 进行设计，具体实现过程如下。

（1）将新闻管理首页 adminnews.jsp 中的表单查询代码（如下所示）加到前台首 index.jsp 中，不过要将跳转检索页“adminsearchnews.jsp”改为“searchnews.jsp”，界面效果如图 7.22 所示。

```
<form name="form" action="searchnews.jsp" method="post">
<table  width="100%" border="1">
<tr>
    <td><strong>新闻查找</strong></td>
    <td colspan="2"><input type="text" name="newskeyword"/></td>
    <td><input type="submit" name="submit" value="查找"/></td>
</tr>
</table>
</form>
```

新闻查找		查找

新闻系统	
标题	时间
未来5年 新技术变革基础教育	2013-01-22
教育部公布第一批教育信息化试点单位名单	2013-01-22
电子书包应用到教学面临的十大挑战	2013-01-22
国家教育资源公共服务平台开通	2013-01-22
《学位论文作假行为处理办法》2013年1月1日起实施	2013-01-22
	更多

图 7.22 带有检索功能的前台首页

（2）根据 adminsearchnews.jsp 设计查询页面 searchnews.jsp，将 adminsearchnews.jsp 中的“修改”和“删除”两项去掉。在查找文本框中输入关键词“教育”，单击“查找”按钮，查找结果如图 7.23 所示。实现代码如下所示：

```
<%@ page language="java" contentType="text/html; charset=UTF-8"pageEncoding="UTF-8"%>
<%@ include file="conndb.jsp" %>
<!DOCTYPE html PUBLIC "-//W3C//DTD HTML 4.01 Transitional//EN"
"http://www. w3.org/TR/html4/loose.dtd">
<html>
<head>
<meta http-equiv="Content-Type" content="text/html; charset=UTF-8">
<title>Insert title here</title>
</head>
<body>
<form name="form" action="searchnews.jsp" method="post">
<table   width="100%" border="1">
<tr>
    <td><strong>新闻查找</strong></td>
    <td colspan="2"><input type="text" name="newskeyword"/></td>
    <td><input type="submit" name="submit" value="查找"/></td>
</tr>
</table>
</form>
<table width="100%" border="1">
<tr>
    <td colspan="4"><div align="center"><strong>新闻查找结果显示</strong></div> </td>
</tr>
<tr>
    <td width="75%"><strong>标题</strong></td>
    <td width="25%"><strong>时间</strong></td>
</tr>
<%
    request.setCharacterEncoding("utf-8");
    String newskeyword=request.getParameter("newskeyword");
    //第一种方法
    //String sql="select * from adminnews where newstitle like '%"+newskeyword+"%' order by id
    //desc";
    //Statement stm=conn.createStatement();
    //ResultSet rs=stm.executeQuery(sql);
    //…
    //第二种方法
    String sql="select * from adminnews where newstitle like ? order by id desc";
    PreparedStatement pstm=conn.prepareStatement(sql);
    pstm.setString(1,"%"+newskeyword+"%");
    ResultSet rs=pstm.executeQuery();
    boolean havaRecords = false;
```

```
%>
<%
    while(rs.next()){
        havaRecords=true;
%>
        <tr>
        <td><a href="newsinfo.jsp?id=<%=rs.getInt("id") %>" target="_blank"><%= rs.getString
("newstitle").replace(newskeyword,"<font color=red>"+newskeyword+"</font>")%>
        </a></td>
        <td><%=rs.getDate("newstime") %></td>
      </tr>

<%
    }
%>
<%
    if(!havaRecords){
        %>
        <Tr>
        <td   colspan="4" align="center">
        <font color=red>暂无信息</font>
        </td>
        </Tr>
        <%
    }
%>
</table>
</body>
</html>
```

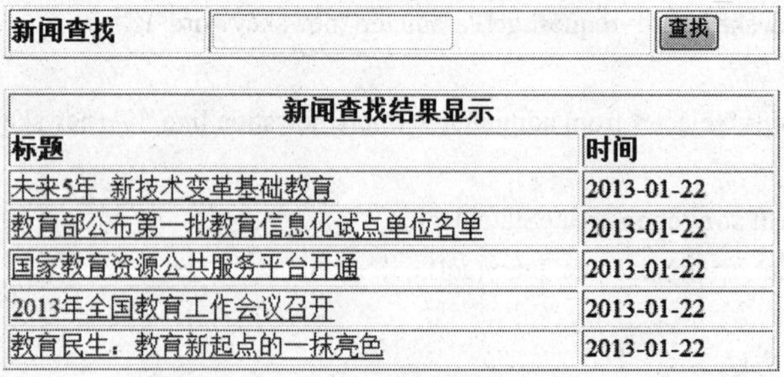

新闻查找		查找

新闻查找结果显示	
标题	时间
未来5年 新技术变革基础教育	2013-01-22
教育部公布第一批教育信息化试点单位名单	2013-01-22
国家教育资源公共服务平台开通	2013-01-22
2013年全国教育工作会议召开	2013-01-22
教育民生：教育新起点的一抹亮色	2013-01-22

图 7.23　前台页面新闻查找结果显示

【友情提示】关于模糊查询使用 like 语句的两种方法。

- 第一种方法：使用 Statement 实现，代码如下：

…

```
String sql="select * from adminnews where newstitle like '%"+newskeyword+"%' order by id desc";
Statement stm=conn.createStatement();
ResultSet rs=stm.executeQuery(sql);
...
```

- 第二种方法：使用 PreparedStatement 实现，代码如下：

```
...
String sql="select * from adminnews where newstitle like ? order by id desc";
PreparedStatement pstm=conn.prepareStatement(sql);
pstm.setString(1,"%"+newskeyword+"%");
ResultSet rs=pstm.executeQuery();
...
```

7.6　打包与发布新闻系统

本节主要讲述将开发好的项目文件打包成.war 文件，不但便于携带且能够实现对代码的加密。此外，本节还将介绍发布.war 文件的方法。

7.6.1　把项目文件打包为.war 文件

（1）用鼠标右键单击项目“newsxt”，在弹出的快捷菜单中选择“Export...”选项，进入“Export”（输出）对话框，然后单击“J2EE”文件包，选择“WAR file(MyEclipse)”选项，如图 7.24 所示。

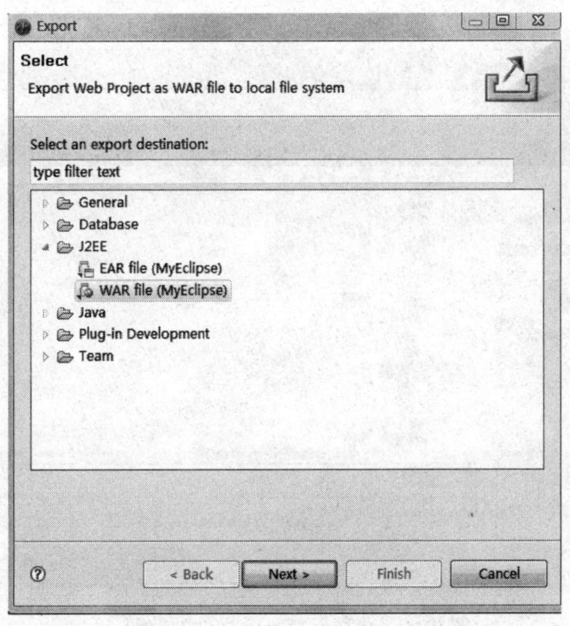

图 7.24　“Export”（输出）对话框

（2）单击“Next”按钮，进入“WAR Export”对话框，在选择要输出的 J2EE web 项目中选择“newsxt”，如图 7.25 所示。

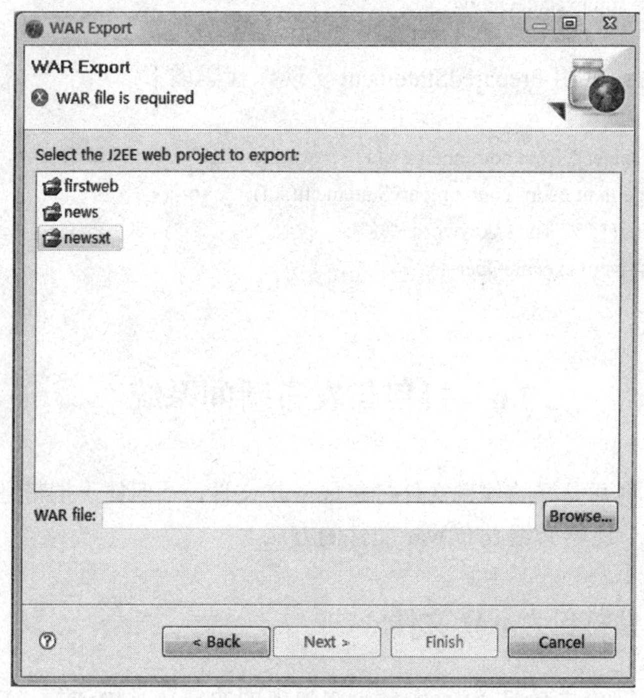

图 7.25　选择“newsxt”

（3）在“WAR Export”对话框中，单击“Browse...”按钮，选择保存.war 文件的路径，如图 7.26 所示。

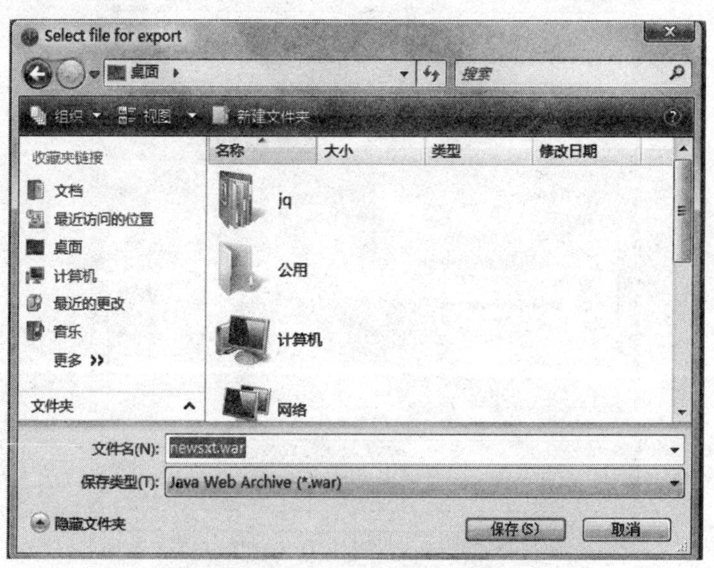

图 7.26　选择保存.war 文件的路径

（4）先后单击“保存”按钮和“Finish”按钮，即可将项目 newsxt 打包为 newsxt.war。

7.6.2　发布.war 文件

（1）将 newsxt.war 复制到 Tomcat 6.0\webapps 文件夹中。

（2）单击“开始”→“程序”→“Apache Tomcat”→“configure Tomcat”选项，进入“Apache Tomcat 6 Properties”对话框，单击“Start”按钮，启动 Apache Tomcat，如图 7.27 所示。

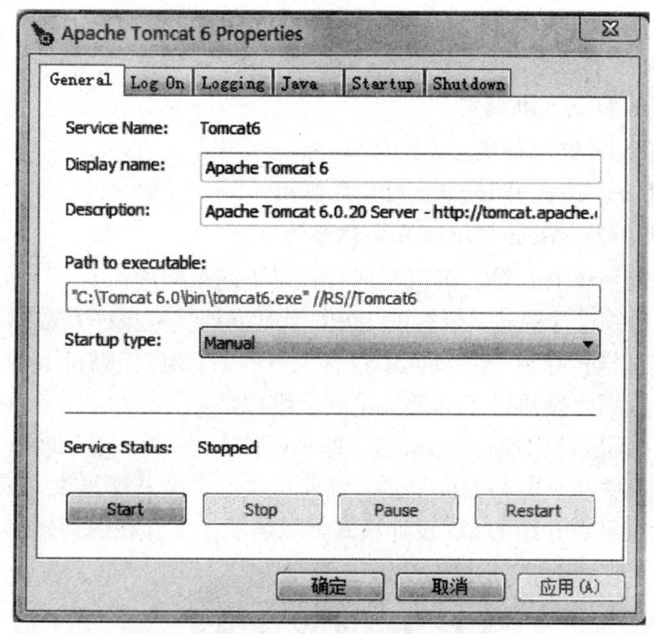

图 7.27　启动 Apache Tomcat

（3）在浏览器地址栏中输入“http://127.0.0.1:8080/newsxt”即可浏览。由此可见，.war 文件的发布运行不需要在 MyEclipse 软件环境中进行。此外，当进入 Tomcat 6.0\webapps，会发现 newsxt.war 文件会自动解压出一个 newsxt 文件包，其实真正发布程序就是解压出来的 newsxt 文件包，但是切记 newsxt.war 不能删除，否则就会出现错误。

第 8 章　SQL Server 与 JSP 实现用户登录系统（DAO 分层设计模式）

【学习目标】

通过本章的学习，应能够：

- 掌握 DAO 设计模式应用
- 熟悉 JavaBean 的概念
- 了解 package 和 import 语句
- 掌握使用 new 关键词创建对象的方法
- 熟悉 List 集合和迭代器 Iterator 对象的应用
- 掌握利用 JSP+JavaBean+DAO 开发程序的方法

通过前一章新闻系统的开发，可以发现存在以下两个问题：

（1）开发属于传统设计模式，所有的 JDBC 代码（连接数据库及数据增、删、改和查）写在 JSP 页面中，这样会导致 JSP 页面中包含大量的 HTML 代码和 Java 代码，显示和功能代码混在一起，数据库操作过于分散，不利于维护。

（2）JSP 页面中不应该出现任何 sql 包，即不应该有<%@ page import="java.sql. *"%>，原因在于 JSP 应该只关注页面数据的显示，而不应关心数据从哪里来，或向哪里存储。

鉴于此，本章将重点介绍 DAO 设计模式，以解决上述存在的问题。

8.1　DAO 设计模式

8.1.1　DAO 简介

DAO 是专门用来操作数据库的，使用 DAO 设计模式可以实现对数据库的操作（如增、删、改、查）与 JSP 页面显示分离，可以简化大量代码，降低程序耦合性，增强程序的可移植性。

8.1.2　DAO 各部分详解

DAO 主要包括三大部分，分别是数据库连接类、VO 类、DAO 类，下面将对各部分进行详细的介绍。

1．数据库连接类

数据库连接类的主要功能是连接数据库并获得连接对象及关闭数据库。通过数据库连接类可以大大简化开发，在需要进行数据库连接时，只需找到常见的该类实例，并调用其中的方法就可以获得数据库连接对象和关闭数据库，不必再进行重复操作。例如：

```
DBConnection.java
import java.sql.Connection;
import java.sql.DriverManager;
import java.sql.SQLException;

public class DBConnection {
    public static Connection getConnection(){
        Connection conn=null;
        try {
            Class.forName("com.microsoft.sqlserver.jdbc.SQLServerDriver");
            String url="jdbc:sqlserver://localhost:1433;DatabaseName= 数据库名字";
            try {
                conn=DriverManager.getConnection(url,"登录名","登录密码");
            } catch (SQLException e) {
                e.printStackTrace();
            }
        } catch (ClassNotFoundException e) {
            e.printStackTrace();
        }
        return conn;
    }
//关闭 conn
    public void closeConn(Connection conn){

        try {
            if(conn!=null){
                conn.close();
                conn=null;
            }
        } catch (SQLException e) {
            e.printStackTrace();
        }
    }
}
```

2. VO 类

VO 类（值对象）是一个包含属性和表中字段完全对应的类，并在该类中提供 setter 和 getter 方法来设置并获取该类中的属性。一个 VO 类与一个数据库中的表相对应，也就是说，有多少表，就应该有多少个 VO 类。通常，普通的 JavaBean 就是一个 VO 类。例如：

```
Users.java
public class Users {
```

```
private String username;        //属性 username 与表 adminuser 中的字段 username 一致
public String getUsername() {
        return username;
}
public void setUsername(String username) {
        this.username = username;
    }
}
```

【友情提示】 理解 JavaBean。

1）JavaBean 的概念

JavaBean 就是一个 java 类，并且具有可重用性，利于程序维护。通常，一个标准的 JavaBean（如 Users.java）具有如下三个特征。

- JavaBean 是一个 public（公共）的类，如：

```
public class Users {…}
```

- JavaBean 具有一个无参构造方法（默认可以不写），如：

```
public class Users {
    public Users (){        };
//无参构造方法，其中方法名字与类名相同；默认可以不写
…
}
```

- 设置和获取属性值时，使用 setXXX 和 getXXX 方法，如：

```
…
public String getUsername() {
    return username;
}
public void setUsername(String username) {
    this.username = username;
}
…
```

2）JavaBean 的调用方法

通过单独设计 JavaBean，JSP 页面便可以着重设计网页界面，这会使 JSP 网页变得清晰，可以节省项目开发时间并降低以后维护的难度。在 JSP 网页中调用 JavaBean 时，需要在页面调用 JavaBean 语句前输入<%@ page import="包名.*"%>导入 JavaBean 文件。

注意： 关于包名的用法见 8.2.2 节。

3．DAO 类

在 DAO 类中定义并实现了所有的用户操作方法，如添加记录、删除记录、修改记录及读取记录等。例如：

```
UserDAO.java
import java.sql.Connection;
```

```
import java.sql.ResultSet;
import java.sql.SQLException;
import java.sql.Statement;
...
public class UserDAO {
    //添加记录
    public int insertUser(String userid,String username, String userpass)
    {
        return modifySQL("INSERT INTO adminuser(userid,username,userpass)
        VALUES(' "+ userid + " ', ' "+ username + " ', ' " + userpass + " ')");

    }
    //删除记录
    public int deleteUser(String userid) {
        return modifySQL("DELETE FROM adminuser WHERE userid=' " + userid +" ' ");

    }
    //修改记录
    public int updateUser(String userid, String username, String userpass) {
    return modifySQL("UPDATE adminuser SET username=' " + username + " ',
    userpass=' "+ userpass + " ' where userid=' " + userid +" ' ");

    }

    public int modifySQL(String sql) {
        int result = 0;
        Connection conn = null;
        Statement st = null;
        try {
            conn = DBConnection.getConnection();
            st = conn.createStatement();
            result = st.executeUpdate(sql);
        } catch (SQLException e) {
            e.printStackTrace();
        } finally {
            try {
                st.close();
                conn.close();
            } catch (SQLException e) {
                e.printStackTrace();
            }

        }
        return result;
```

```
    }
    //读取记录
    public Users queryById(String userid) {
        Users user = new Users();
        Connection conn = null;
        Statement st = null;
        ResultSet rs = null;
        try {
            conn = DBConnection.getConnection();
            st = conn.createStatement();
            rs = st.executeQuery("SELECT userid,username,userpass FROM
               adminuser WHERE userid=' "+ userid +" ' ");
            if (rs.next()) {

                user.setUserid(rs.getString("userid"));
                user.setPassword(rs.getString("password"));
                user.setUsername(rs.getString("username"));

            }
        } catch (SQLException e) {
                e.printStackTrace();
        } finally {
                try {
                    rs.close();
                    st.close();
                    conn.close();
                } catch (SQLException e) {
                    e.printStackTrace();
                }
        }
        return user;
    }
}
…
```

注意：在 JSP 页面中调用 DAO 类，在页面调用 DAO 语句前输入<%@ page import="包名.*"%>导入 DAO 文件。

8.2　基于 DAO 的用户登录系统设计

在本书第 6 章中曾讲过使用 JSP+JDBC 完成用户注册登录程序，这个程序也属于基于传统模式设计开发，同样存在 JDBC 代码写在 JSP 页面之中、不利于维护等缺点。因此，下面将采用 DAO 设计模式实现用户登录系统，其中数据库设计见 6.3.3 节，这里就不再分析了。程序流程如图 8.1 所示。

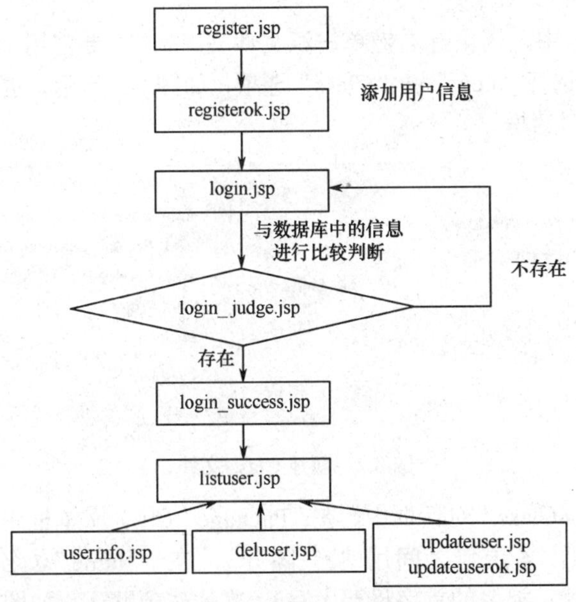

图 8.1　程序流程图

（1）register.jsp：用户注册信息。

（2）registerok.jsp：接收注册信息，添加到数据库中。

（3）login.jsp：输入登录账号和密码信息。

（4）login_judge.jsp：接收登录信息，与数据库中的信息进行比较判断，指向相应页面。

（5）login_success.jsp：成功页面，显示欢迎用户。

（6）listuser.jsp：显示所有用户记录。

（7）userinfo.jsp：查看某用户详细信息。

（8）deluser.jsp：删除用户。

（9）updateuser.jsp、updateuserok.jsp：修改用户信息。

8.3　基于 DAO 设计模式实现用户登录系统

8.3.1　新建项目 users

新建项目 users 并部署发布该项目（创建过程见 3.3 节）。注意，需要将 JDBC 驱动器的 jar 包文件 sqljdbc4.jar 复制到项目中。

8.3.2　新建三个类文件

新建三个类文件，即数据库连接类（DBConnection.java）、VO 类（Users.java）和 DAO

类（UserDAO.java）。

1．新建数据库连接类（DBConnection.java）

（1）在项目 users 中，用鼠标右键单击源文件夹“src”（专门用于存放 Java 源文件），在弹出的快捷菜单中选择“new”→“Class”选项，如图 8.2 所示，进入“New Java Class”（新建 Java 类文件）对话框。

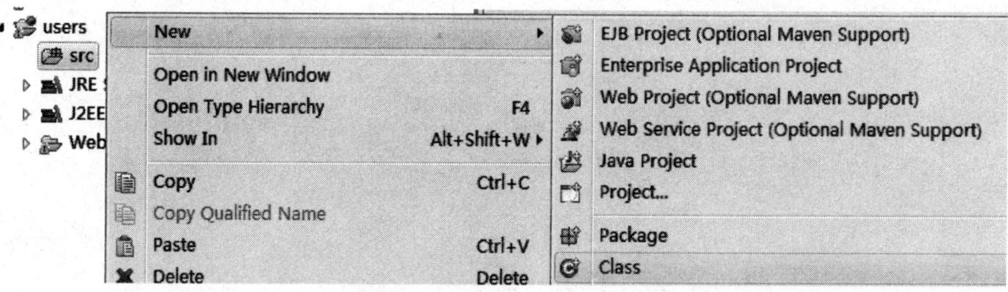

图 8.2　新建 Class 文件

（2）在“New Java Class”对话框中，在“Package”（包）文本框中输入“com.util”（注意，包名可以任意填，多层包之间用“.”隔开），在“Name”（名字）文本框中输入“DBConnection”（注意：类名的首字母要大写），其他选项默认，如图 8.3 所示。然后，单击“Finish”按钮。

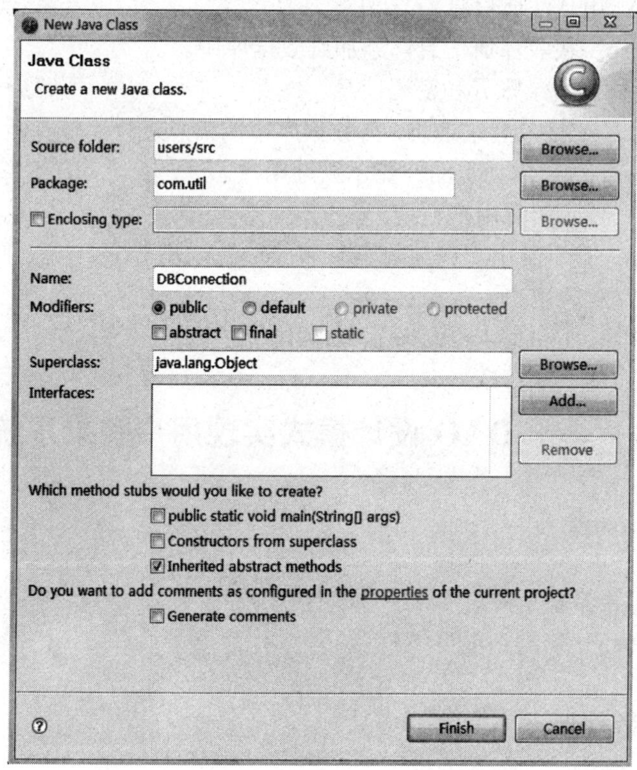

图 8.3　新建“DBConnection.java”类文件

【友情提示】 Package（包）的用法。

Package（包）的作用是解决类名冲突问题。Java 引入了包的机制，提供类存放的命名空间（即路径）。例如，张三写了一个 Cat 类，李建也写了一个 Cat 类，恰巧这两个类还存在于同一个项目中，那么如果此时有人使用 Cat 类写程序，究竟他用的是哪个 Cat 类呢？此时类名存在冲突，请大家想想应该怎样解决这个问题呢？很简单，将 Cat 类分别写上 zhangsan.Cat 和 lijian.Cat，相当于外面打上了一个包裹，这样就可以解决类名冲突问题了。值得注意的是，多层包用“.”导航。

（3）打开“DBConnection.java”类文件，输入数据库连接对象和关闭数据库代码，如下：

```
package com.util;

import java.sql.Connection;
import java.sql.DriverManager;
import java.sql.SQLException;

public class DBConnection {
  public static Connection getConnection(){
     Connection conn=null;
         try {
              Class.forName("com.microsoft.sqlserver.jdbc.SQLServerDriver");
              String url="jdbc:sqlserver://localhost:1433;DatabaseName=adminNews";
              try {
                   conn=DriverManager.getConnection(url,"news","123456");
              } catch (SQLException e) {
                   e.printStackTrace();
              }
         } catch (ClassNotFoundException e) {
              e.printStackTrace();
         }
         return conn;
    }
  //关闭 conn
    public void closeConn(Connection conn){

              try {
                   if(conn!=null){
                        conn.close();
                        conn=null;
                   }
              } catch (SQLException e) {
                   e.printStackTrace();
              }
         }
    }
```

注：package 语句（如 **package** com.util;）一定要放在 Java 代码的第一句。

2．新建 VO 类（Users.java）

（1）在项目 users 中，用鼠标右键单击源文件夹“src”，在弹出的快捷菜单中选择“new”→“Class”选项，如图 8.2 所示，进入“New Java Class”（新建 Java 类文件）对话框。然后，在“Package”文本框中输入“com.vo”，在“Name”文本框中输入“Users”（注意，类名的首字母要大写），其他选项默认，如图 8.4 所示。最后，单击“Finish”按钮。

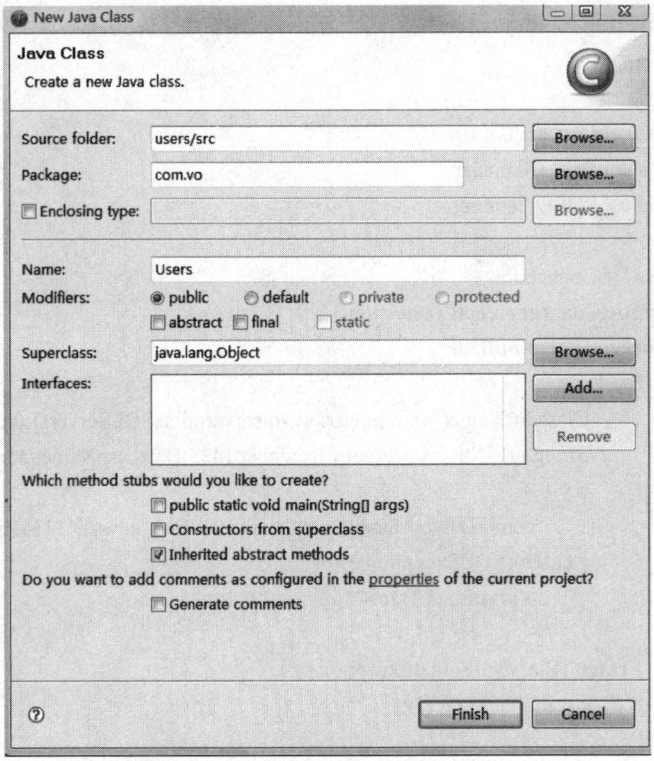

图 8.4　新建“Users.java”类文件

（2）在“Users.java”类文件中输入三个属性：userid、username 和 userpass。注意，这三个属性要跟数据表 adminuser 中的字段名一致。代码如下：

```
package com.vo;

public class Users {
    private String userid;
    private String username;
    private String userpass;
}
```

（3）产生 get/set 的方法。在“Users.java”类文件中，选中 userid、username 或 userpass 任意一个属性，然后单击鼠标右键，在弹出的快捷菜单中选择“Source”→“Generate Getters and Setters...”选项，如图 8.5 所示，进入“Generate Getters and Setters”对话框。

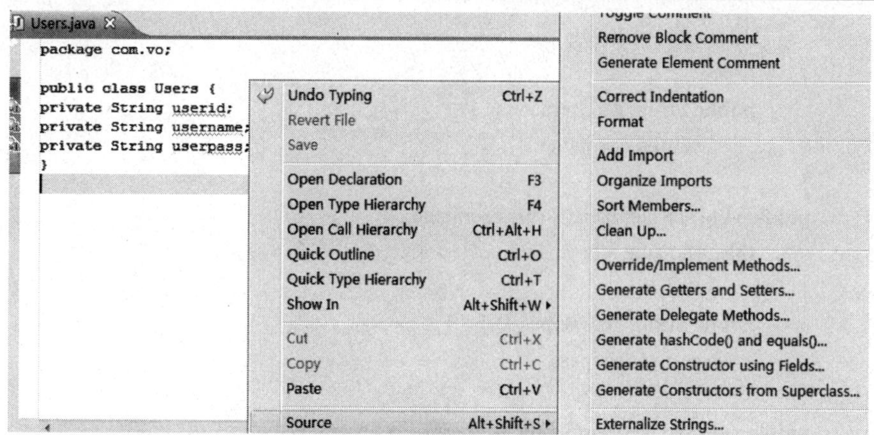

图 8.5　选择“Generate Getters and Setters...”选项

（4）在“Generate Getters and Setters”对话框中，单击右上角的“Select All”按钮，如图 8.6 所示，然后单击“OK”按钮。

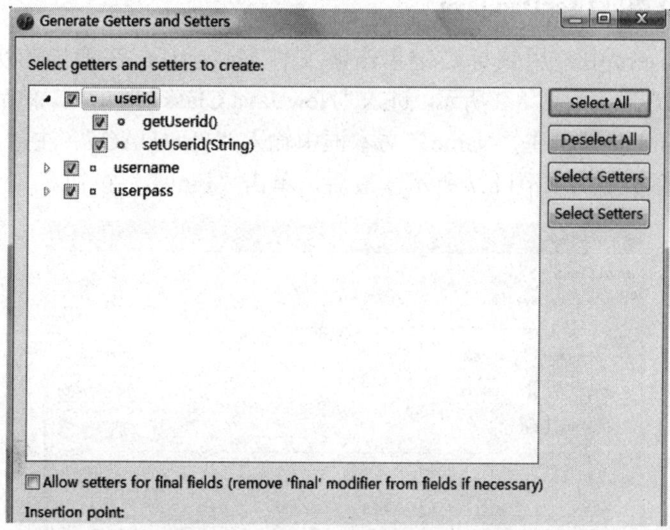

图 8.6　产生所有属性的 get/set 方法

（5）在“Users.java”类文件中，生成代码如下：

```
package com.vo;

public class Users {
    private String userid;
    private String username;
    private String userpass;
    public String getUserid() {
        return userid;
    }
    public void setUserid(String userid) {
```

```
            this.userid = userid;
        }
            public String getUsername() {
                return username;
        }
        public void setUsername(String username) {
            this.username = username;
        }
            public String getUserpass() {
                return userpass;
        }
        public void setUserpass(String userpass) {
            this.userpass = userpass;
        }
    }
```

3．新建 DAO 类（UserDao.java）

（1）在项目 users 中，用鼠标右键单击源文件夹“src”，在弹出的快捷菜单中选择“new”→“Class”选项，如图 8.2 所示，进入“New Java Class”对话框。然后，在“Package”文本框中输入“com.dao”，在“Name”文本框中输入“UserDAO”（注意，类名的首字母要大写），其他选项默认，如图 8.7 所示。最后，单击“Finish”按钮。

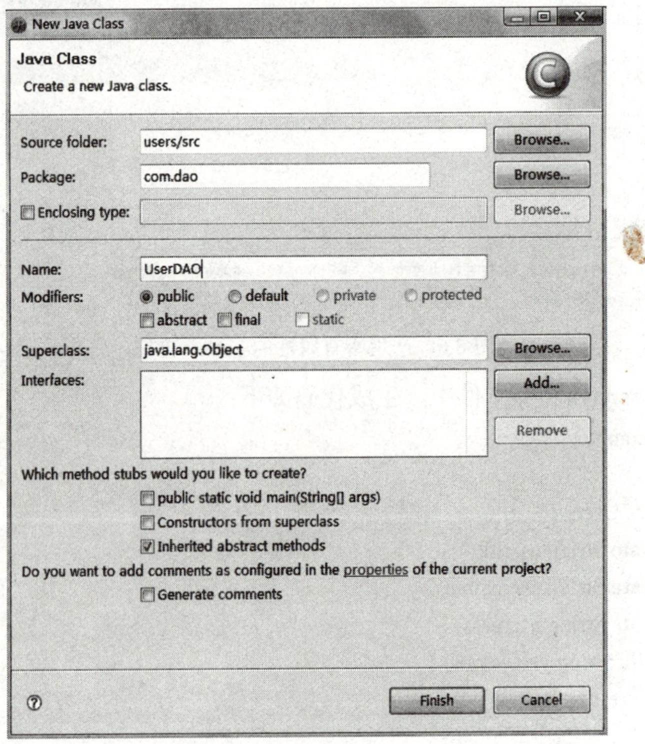

图 8.7　新建“UserDAO.java”类文件

（2）在“UserDAO.java”类文件中，输入可实现所有的用户操作方法的代码，如添加记录、删除记录、修改记录及读取记录等所有功能，实现代码如下：

```
package com.dao;
import java.sql.Connection;
import java.sql.ResultSet;
import java.sql.SQLException;
import java.sql.Statement;
import java.util.ArrayList;
import java.util.List;
import com.util.DBConnection;
import com.vo.Users;
public class UserDAO {

    //用户信息登录判断
    public boolean verifyUser(String userid, String userpass) {
        Connection conn = null;
        Statement st = null;
        ResultSet rs = null;
        conn = DBConnection.getConnection();
        try {
            st = conn.createStatement();

            rs = st.executeQuery("SELECT * FROM adminuser WHERE userid=' " + userid
            + " ' and userpass=' " + userpass + " ' ");
            if (rs.next()) {
                return true;
            }
        } catch (SQLException e) {
            e.printStackTrace();
        } finally {
            try {
                rs.close();
                st.close();
                conn.close();
            } catch (SQLException e) {
                e.printStackTrace();
            }

        }
        return false;
    }
```

```
    //添加用户信息
    public int insertUser(String userid,String username, String userpass) {
        int result = 0;
        Connection conn = null;
        Statement st = null;
        try {
            conn = DBConnection.getConnection();
            st = conn.createStatement();
            result = st.executeUpdate("INSERT INTO adminuser(userid,username,userpass)
            VALUES(' "+ userid + " ', ' "+ username + " ', ' " + userpass + " ')");
        } catch (SQLException e) {
            e.printStackTrace();
        } finally {
            try {
                st.close();
                conn.close();
            } catch (SQLException e) {
                e.printStackTrace();
            }
        }
        return result;
    }

//删除某用户
public int deleteUser(String userid) {
    int result = 0;
    Connection conn = null;
    Statement st = null;
    try {
        conn = DBConnection.getConnection();
        st = conn.createStatement();
        result = st.executeUpdate("DELETE FROM adminuser WHERE userid=' " + userid +" ' ");
    } catch (SQLException e) {
        e.printStackTrace();
    } finally {
        try {
            st.close();
            conn.close();
        } catch (SQLException e) {
            e.printStackTrace();
        }
    }
```

```
        return result;
    }

    //修改某用户信息
    public int updateUser(String userid, String username, String userpass) {
            int result = 0;
            Connection conn = null;
            Statement st = null;
            try {
                    conn = DBConnection.getConnection();
                    st = conn.createStatement();
                    result = st.executeUpdate("UPDATE users SET username=' " + username+ " ',userpass=' "
                            + userpass + " 'where userid=' " + userid +" ' ");
            } catch (SQLException e) {
                    e.printStackTrace();
            } finally {
                    try {
                            st.close();
                            conn.close();
                    } catch (SQLException e) {
                            e.printStackTrace();
                    }
            }
            return result;
    }

    //分页显示所有用户信息
    //分页显示所有用户开始
    private int currentPage=1;
    private int perPage = 5;
    private int totalCount;
    private int totalPage;
    public List queryList() {
            List users = new ArrayList();
            Connection conn = null;
            Statement st = null;
            ResultSet rs = null;
            try {
                    conn = DBConnection.getConnection();
                    st = conn.createStatement(ResultSet.TYPE_SCROLL_SENSITIVE, ResultSet.
                        CONCUR_UPDATABLE);
                    rs = st.executeQuery("SELECT * FROM adminuser order by id desc");
```

```
            rs.last();
            this.totalCount = rs.getRow();
            this.totalPage=(this.totalCount % this.perPage==0)?(this.totalCount/this.
                        perPage):(this.totalCount/this.perPage+1);
            if (this.currentPage == 1) {
                rs.beforeFirst();
            } else {
                rs.absolute((currentPage - 1) * perPage);
            }
            int i=0;
            while (rs.next()&&i<this.perPage) {
                Users user = new Users();
                user.setUserid(rs.getString("userid"));
                user.setUserpass(rs.getString("userpass"));
                user.setUsername(rs.getString("username"));
                users.add(user);
                i++;
            }
        } catch (SQLException e) {
            // TODO Auto-generated catch block
            e.printStackTrace();
        } finally {
            try {
                rs.close();
                st.close();
                conn.close();
            } catch (SQLException e) {
                // TODO Auto-generated catch block
                e.printStackTrace();
            }
        }
        return users;
    }
    public int getCurrentPage() {
        return currentPage;
    }
    public void setCurrentPage(int currentPage) {
        this.currentPage = currentPage;
    }
    public int getPerPage() {
        return perPage;
    }
```

```
public int getTotalCount() {
    return totalCount;
}
public int getTotalPage() {
    return totalPage;
}
//分页显示所有用户结束

//读取某用户详细信息
public Users queryListById(String userid) {
    Users user = new Users();
    Connection conn = null;
    Statement st = null;
    ResultSet rs = null;
    try {
        conn = DBConnection.getConnection();
        st = conn.createStatement();
        rs = st.executeQuery("SELECT userid,username,userpass FROM adminuser
            WHERE userid=' " + userid +" ' ");
        if (rs.next()) {
            user.setUserid(rs.getString("userid"));
            user.setUserpass(rs.getString("userpass"));
            user.setUsername(rs.getString("username"));
        }
    } catch (SQLException e) {
    e.printStackTrace();
    } finally {
        try {
            rs.close();
            st.close();
            conn.close();
        } catch (SQLException e) {
            e.printStackTrace();
        }
    }
    return user;
}

//判断登录账号是否已存在
public boolean queryById(String userid) {
    Connection conn = null;
    Statement st = null;
```

```
            ResultSet rs = null;
            boolean ifhave=false;
            try {
                conn = DBConnection.getConnection();
                st = conn.createStatement();
                rs = st.executeQuery("SELECT userid,username,userpass FROM adminuser
                    WHERE userid=' " + userid +" ' ");
                if (rs.next()) {
                    ifhave=true;
                }
            } catch (SQLException e) {
                e.printStackTrace();
            } finally {
                try {
                    rs.close();
                    st.close();
                    conn.close();
                } catch (SQLException e) {
                    e.printStackTrace();
                }
            }
            return ifhave;
        }
    }
```

【友情提示】关于使用自定义类的问题。

在 UserDAO.java 类文件读取用户信息方法中，将会使用自定义类 Users，使用类 Users 中的 set/get 方法进行设值/取值需要遵循的规则如下：

```
Users user = new Users();
```

即，要使用自定义类，必须先使用 new 关键词创建对象。正如约定俗成的那样，“要用它，就先创建（new）它”。创建（new）完后，便可以利用 Users 中的 set 方法或 get 方法，进行设值或取值。例如：

```
...
//向 Users 中设值
user.setUserid(rs.getString("userid"));          //向 Users 中设 userid
user.setUserpass(rs.getString("userpass"));      //向 Users 中设 userpass
user.setUsername(rs.getString("username"));      //向 Users 中设 username
...
```

【知识扩展】List 集合的应用。

在分页显示所有用户信息方法 queryList()中利用了 List 集合，它的作用是存放任何对象，使用 List 集合需要注意以下三个问题。

● List 初始化。

首先，使用 import 语句引入两个类路径，如下：

```
import java.util.ArrayList;
import java.util.List;
```

也可以写成：

```
import java.util.*
```

然后，使用 new 关键词创建 List 对象：

```
List list= new ArrayList();
```

● List 集合常用方法：add。

可以采用 List 集合的 add 方法将对象添加到 List 集合中进行保存。例如：

```
<%@ page language="java" import="java.util.*" pageEncoding="UTF-8"%>
…
<body>
<%
    List list=new ArrayList();
    for(int i=0;i<=9;i++){
        list.add("a"+i);
    }
    out.println(list);
%>
</body>
…
```

打印结果为：[a0, a1, a2, a3, a4, a5, a6, a7, a8, a9]，可见结果是一个集合，那么如何将集合中的值依次输出呢？这里采用迭代器 Iterator 对象进行输出。

● 迭代器 Iterator 对象：输出 List 集合值。

Iterator 对象称为迭代器，用以实现对 List 集合内元素的遍历操作，也就是说利用 Iterator 将集合中的元素逐个读出来，其语法结构如下。

首先，需要引入类路径，如 import java.util.Iterator 或 import java.util.*。

然后，采用 for 循环依次输出，语法结构如下：

```
for(Iterator iter=c.iterator();iter.hasNext()){
    类型 变量(或对象)=(类型)iter.next();
    System.out.println(n);
}
```

将上面的实例使用迭代器 Iterator 对象依次输出，代码如下：

```
<%@ page language="java" import="java.util.*" pageEncoding="UTF-8"%>
…
<body>
<%
    List list=new ArrayList();
    for(int i=0;i<=9;i++){
```

```
            list.add("a"+i);
        }
        for(Iterator iter=list.iterator();iter.hasNext();){
            String a=(String)iter.next();
            out.print(a+"<br>");%> }
</body>
...
```

打印结果为：

```
a0
a1
a2
a3
a4
a5
a6
a7
a8
a9
```

注意：(String)iter.next();此条语句一定要进行强制类型转换，因为 next()返回值为 Object 类型，所以这里必须强制转换成与变量（或对象）类型一致。

8.3.3 用户注册页面

在注册页面（register.jsp，如图 8.8 所示）中，需要填写登录账号、用户姓名和登录密码等信息。实现代码如下：

```
...
<body>
<form name="form1" method="post" action="registerok.jsp">
  <table width="100%" border="1">
    <tr>
      <td colspan="2"><div align="center">用户注册</div></td>
    </tr>
    <tr>
      <td width="30%">登录账号</td>
      <td width="70%"><label>
        <input type="text" name="userid"/>
       </td>
    </tr>
    <tr>
      <td>用户姓名</td>
      <td><input type="text" name="username"/></td>
```

```
        </tr>
        <tr>
          <td>登录密码</td>
          <td><input type="password" name="userpass"/></td>
        </tr>
        <tr>
          <td colspan="2"><div align="center">
            <label>
            <input type="submit" name="submit" id="button" value="注册" />
            </label>
          </div></td>
        </tr>
      </table>
    </form>
    </body>
    …
```

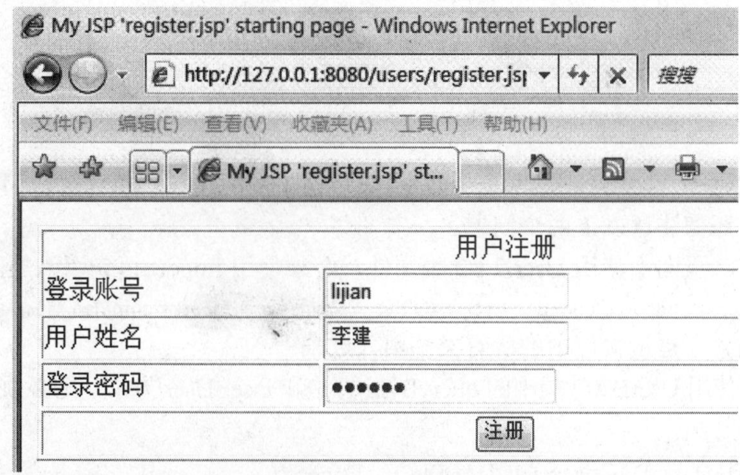

图 8.8　注册页面

8.3.4　用户注册成功页面

在用户注册成功页面（registerok.jsp），利用 request 对象 getParameter 方法获取表单登录账号、用户姓名和登录密码等值。在将注册信息填入数据表之前，利用 UserDAO 类文件中的 queryById 方法判断登录账号是否已被注册，如果已被注册，那么将返回注册页面；否则，利用 UserDAO 类文件中的 insertUser 方法将注册信息填入数据表中，同时转向登录页 login.jsp。

```
<%@ page language="java" contentType="text/html; charset=UTF-8"pageEncoding="UTF-8"%>
<%@ page import="com.dao.UserDAO"%>
<%
```

```
    request.setCharacterEncoding("utf-8");
    String userid=request.getParameter("userid");
    String username=request.getParameter("username");
    String userpass=request.getParameter("userpass");
    UserDAO userDAO=new UserDAO();
    boolean ifhave=userDAO.queryById(userid);
    if(ifhave){
        out.print("<script>");
        out.print("alert('账号已被注册，请重新输入! ');");
        out.print("location.href='register.jsp';");
        out.print("</script>");
    }
    else{
        userDAO.insertUser(userid,username,userpass);
        out.print("<script>");
        out.print("alert('用户信息注册成功，请登录! ');");
        out.print("location.href='login.jsp';");
        out.print("</script>");
    }
%>
```

在上述代码中，读者可以发现基于DAO设计模式的程序，在JSP页面上不再出现JDBC代码。同时，还需注意以下两个问题。

（1）在 JSP 页面中使用 UserDAO 类文件，必须使用 import 语句引入类路径，如：

```
<%@ page import="com.dao.UserDAO"%>或<%@ page import="com.dao.*"%>
```

其中，后者的含义是指将包中的所有类都引入过来。

（2）若要使用 UserDAO 类中的 queryById 方法和 insertUser 方法，则必须先创建（new）它，即：

```
UserDAO userDAO=new UserDAO();
```

8.3.5 用户登录页面

用户信息注册成功后，便可以在登录页面输入正确的登录账号和登录密码（login.jsp，如图 8.9 所示）。实现代码如下：

```
...
<body>
<h1>用户登录系统</h1><br>
<form action="login_judge.jsp" method="post">
    登录账号：<input type="text" name="userid"><br>
    登录密码：<input type="password" name="userpass"><br>
    <input type="submit" name="submit" value="登录"><br>
```

```
</form>
</body>

...
```

图 8.9　用户登录界面

8.3.6　用户登录判断页面

在用户登录判断页面（login_judge.jsp）中，利用 request 对象的 getParameter 方法获取用户账号和密码，然后利用 UserDAO 类文件中的 verifyUser 方法与数据表中的信息进行比较判断，如果存在，则说明是合法用户，转向成功页面 login_success.jsp，同时传递参数 userid；否则为非法用户，跳转到登录页 login.jsp 重新输入信息。代码如下：

```
<%@ page language="java" contentType="text/html; charset=UTF-8"pageEncoding="UTF-8"%>
<%@ page import="com.dao.*"%>
<%
    request.setCharacterEncoding("utf-8");
    String userid=request.getParameter("userid");
    String userpass=request.getParameter("userpass");
    UserDAO userDAO=new UserDAO();
    boolean result=userDAO.verifyUser(userid,userpass);
    if(result){
        response.sendRedirect("login_success.jsp?userid="+userid);
    }
    else{
        out.print("<script>");
        out.print("alert('您输入账号或密码有误 ');");
        out.print("location.href='login.jsp';");
```

```
        out.print("</script>");
    }
%>
```

8.3.7 用户登录成功页面

在登录成功页面（login_success.jsp，如图 8.10 所示）中，首先利用 request 对象的 getParameter 方法获取传递参数 userid，然后根据 userid 值利用 UserDAO 类文件中的 queryListById 方法将用户信息设置到 User 类中，最后通过 new 关键词创建的类对象 user，使用 user.get 方法进行读值，代码如下：

```
<%@ page language="java" contentType="text/html; charset=UTF-8"pageEncoding="UTF-8"%>
<%@ page import="com.dao.*,com.vo.*"%>
<!DOCTYPE html PUBLIC "-//W3C//DTD HTML 4.01 Transitional//EN" "http:// www.w3.org/
TR/html4/loose.dtd">
<html>
<head>
<meta http-equiv="Content-Type" content="text/html; charset=UTF-8">
<title>Insert title here</title>
</head>
<body>
<%
    String userid=request.getParameter("userid");
    Users user=new Users();
    UserDAO userDAO=new UserDAO();
    user=userDAO.queryListById(userid);
%>
<font color="red"><%=user.getUsername()%></font>您好，您已成功登录！
</body>
</html>
```

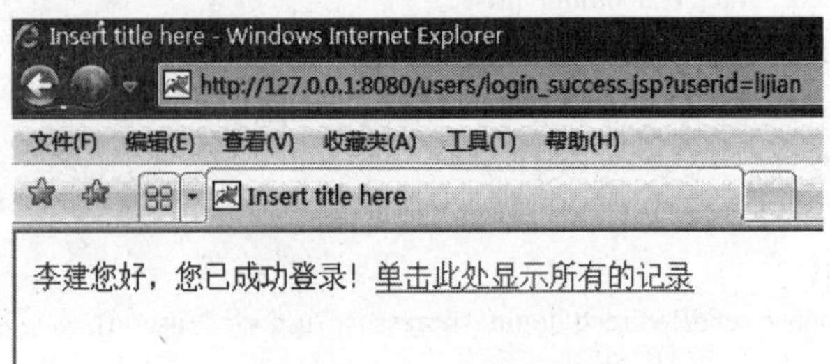

图 8.10　登录成功页面

注意：通过语句 userDAO.queryListById(userid);可根据登录账号将此用户信息设置到 Users 类中，然后通过创建（new）的 Users 类，即可使用 get 方法取值，即<%=user.

getUsername()%>。

【友情提示】使用 import 语句引入多个类所在的包时，路径之间用“,”隔开，如：

```
<%@ page import="com.dao.*,com.vo.*"%>
```

8.3.8 分页显示所有用户记录页面

在分页显示所有用户记录页面（listuser.jsp）中，利用 UserDAO 类文件中的 queryList()方法、getTotalPage()方法、getTotalCount()方法、getPerPage()方法和 getCurrentPage()方法，以及 List 集合和迭代器 Iterator 共同实现对用户记录的分页读取，每页显示 5 条用户记录，且在用户名上做超链接。单击超链接可根据登录账号 userid 查看有关该用户的详细信息，同时根据登录账号 userid 可删除和修改用户信息，如图 8.11 所示。实现显示所有用户记录的代码如下：

```
<%@ page language="java" contentType="text/html; charset=UTF-8"
    import="java.util.List,com.dao.UserDAO,com.vo.Users,java.util.Iterator"%>
<!DOCTYPE html PUBLIC "-//W3C//DTD HTML 4.01 Transitional//EN" "http://www.
w3.org/TR/html4/loose.dtd">
<html>
<head>
<meta http-equiv="Content-Type" content="text/html; charset=UTF-8">
<title>Insert title here</title>
</head>
<body>
<h1>所有用户记录</h1>
<hr>
<div align="center">
<table border="1">
  <tr>
    <td>用户账号</td>
    <td>用户姓名</td>
    <td>删除</td>
    <td>修改</td>
  </tr>
<%
UserDAO userDAO = new UserDAO();
String   tempPage=request.getParameter("currentPage");
if(tempPage!=null){
    userDAO.setCurrentPage(Integer.parseInt(tempPage));
}
List users = userDAO.queryList();
```

```
        int totalPage=userDAO.getTotalPage();
        int totalCount=userDAO.getTotalCount();
        int perPage=userDAO.getPerPage();
        int currentPage=userDAO.getCurrentPage();
        for(Iterator iter=users.iterator();iter.hasNext();){
            Users user= (Users)iter.next();
            %>
              <tr>
                <td><%=user.getUserid() %></td>
                <td><a href="userinfo.jsp?userid=<%=user.getUserid() %>"><%=user. getUsername()
                      %></a></td>
              <td><a href="deluser.jsp?userid=<%=user.getUserid() %>">删除</a></td>
              <td><a href="updateuser.jsp?userid=<%=user.getUserid() %>">修改</a></td>
            </tr>
            <%
        }
    %>
    </table>
    <a href="listuser.jsp?currentPage=1">首页</a>
    <%
        if(currentPage!=1){
            %>
            <a href="listuser.jsp?currentPage=<%=currentPage-1 %>">上一页</a>
            <%}else{ %>
            上一页
        <%} %>
    <%
        if(currentPage!=totalPage){
            %>
            <a href="listuser.jsp?currentPage=<%=currentPage+1 %>">下一页</a>
        <%}else{ %>
            下一页
        <%} %>
        <a href="listuser.jsp?currentPage=<%=totalPage %>">末页</a>
        共有数据 <%=totalCount %>，共有 <%=totalPage %>页，当前页<%=currentPage %>页，
        每页显示<%=perPage %>行
    </div>
    </body>
    </html>
```

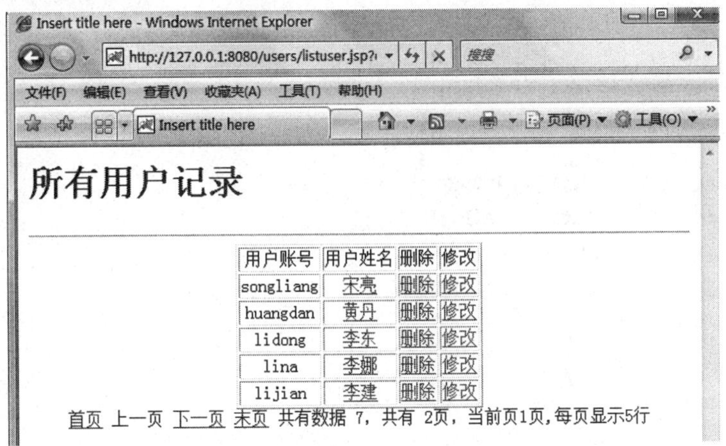

图 8.11　显示所有用户记录页面

在显示所有用户记录页面（listuser.jsp）中有 3 个问题值得注意。

（1）程序使用了 List 集合、迭代器 Iterator、UserDAO 类及 Users 类，所以需要通过 import 语句将 List 和 Iterator 两个类引进来，如：

```
<%@ page language="java" contentType= "text/html; charset=UTF-8"
import="java.util.List,com.dao.UserDAO,com.vo.Users,java.util.Iterator"%>
```

（2）利用 UserDAO 类中的 queryList()方法读取所有记录；用 getTotalPage()读取总页数；用 getTotalCount()读取总用户数；用 getPerPage()读取每页显示用户数；用 getCurrentPage()读取当前页。

（3）利用迭代器 Iterator 将存放在 List 集合中的所有对象逐个输出，然后再通过 get 方法分别输出用户账号、姓名等信息。

8.3.9　显示用户详细记录页面

在 listuser.jsp 页面中显示了所有用户账号和姓名，如果想看到某个用户的注册信息，可以在显示用户详细记录页面（userinfo.jsp），利用 UserDAO 类文件的 queryListById 方法和 Users 类进行读取（注意，姓名上的超链接一定要传递代表唯一值的变量以指定具体用户，否则程序就不清楚到底要显示哪个用户，这里使用 userid 来传递值），如图 8.12 所示。代码如下：

```
<%@ page language="java" contentType="text/html; charset=UTF-8"
    import="java.util.List,com.dao.UserDAO,com.vo.Users"%>
<!DOCTYPE html PUBLIC "-//W3C//DTD HTML 4.01 Transitional//EN"
"http://www.w3.org/TR/html4/loose.dtd">
<html>
<head>
<meta http-equiv="Content-Type" content="text/html; charset=UTF-8">
<title>Insert title here</title>
</head>
```

```
<body>
<h1>用户信息</h1>
<hr>
<%
    String userid = request.getParameter("userid");
    UserDAO userDAO = new UserDAO();
    Users user=new Users();
    user = userDAO.queryListById(userid);
%>
<div align="center">
<table border="1">
  <tr>
    <td>用户账号</td>
    <td><%=user.getUserid()%></td>
  </tr>
  <tr>
    <td>用户姓名</td>
    <td><%=user.getUsername()%></td>
  </tr>
  <tr>
    <td>用户密码</td>
    <td><%=user.getUserpass()%></td>
  </tr>
</table>
<a href="javascript:history.back()">返回</a>
</div>
</body>
</html>
```

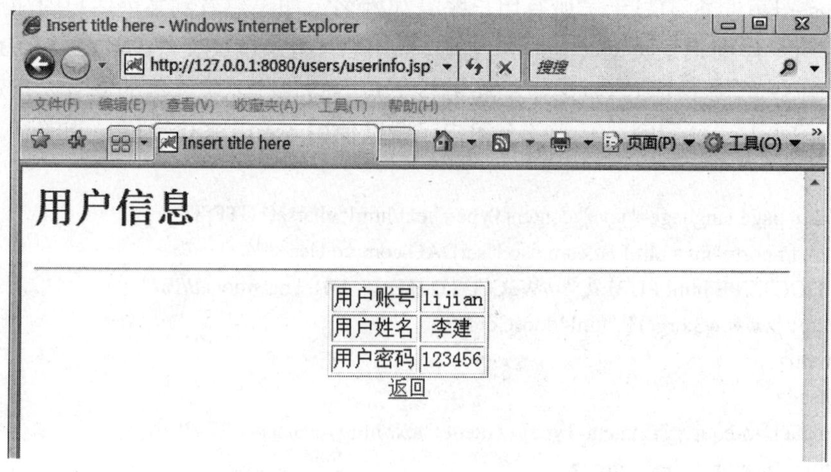

图 8.12　用户详细记录页面

注意：在 userDAO 类 queryListById()方法中，根据登录账号将此用户所有信息设置到 Users 类中，然后通过 new 关键词创建 Users 类，创建出一个对象 user，便可利用 user，使用 get 方法取值，如 user.getUserid()、user.getUsername()和 user.getUserpass()。

8.3.10　删除用户页面

作用在“删除”的超链接一定要使用“?”传值方式，加上能代表唯一值的变量以指定具体要删除的用户，否则程序就不清楚到底要删除哪个用户。这里使用 userid 来传递值，如：

```
<a href="deluser.jsp?userid=<%=user.getUserid() %>">删除</a>
```

在删除用户页面（deluser.jsp），利用 UserDAO 类文件中的 deleteUser( )方法进行信息删除。删除用户后提示返回到所有用户记录页面（listuser.jsp），如图 8.13 所示。实现代码如下：

```
<%@ page language="java" contentType="text/html; charset=UTF-8"
    import="com.dao.UserDAO"%>
<!DOCTYPE html PUBLIC "-//W3C//DTD HTML 4.01 Transitional//EN"
"http://www.w3.org/TR/html4/loose.dtd">
<html>
<head>
<meta http-equiv="Content-Type" content="text/html; charset=UTF-8">
<title>Insert title here</title>
</head>
<body>
<h1>删除用户</h1>
<hr>
<%
    String userid = request.getParameter("userid");
    UserDAO userDAO = new UserDAO();
    int result = userDAO.deleteUser(userid);
    if(result==1){
        out.print("删除成功<a href='listuser.jsp'>返回首页</a>");
    }else{
        out.print("删除失败");
    }
%>
</body>
</html>
```

注意：在 userDAO 类 deleteUser()方法中，根据登录账号 userid 完成用户删除。

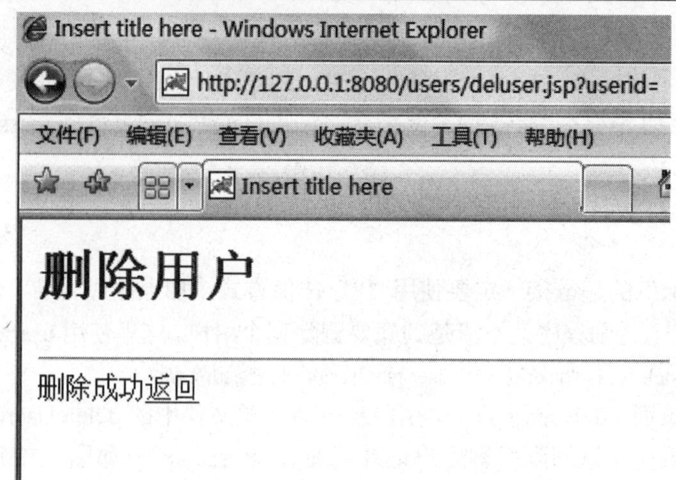

图 8.13　删除用户页面

8.3.11　修改用户信息页面

用户信息的修改需要经过两个步骤，第一个步骤是先读出要修改的信息，第二个步骤是完成对已读用户信息的修改。同理，在整个修改过程中，也一定要使用“?”传值方式，加上能代表唯一值的变量以指定具体要修改的用户信息，否则程序就不清楚到底要修改哪条用户信息。这里使用 userid 来传递值，如：

```
<a href="updateuser.jsp?userid=<%=user.getUserid() %>">修改</a>
```

1．读出要修改的用户信息（updateuser.jsp）

根据 userid，利用 UserDAO 类文件中的 queryListById()方法和 Users 类读出要修改的用户信息，如图 8.14 所示，实现代码如下：

```
<%@ page language="java" contentType="text/html; charset=UTF-8"
    import="com.dao.UserDAO,com.vo.Users"%>
<!DOCTYPE html PUBLIC "-//W3C//DTD HTML 4.01 Transitional//EN"
"http://www.w3.org/TR/html4/loose.dtd">
<html>
<head>
<meta http-equiv="Content-Type" content="text/html; charset=UTF-8">
<title>Insert title here</title>
</head>
<body>
<h1>修改用户信息</h1>
<hr>
<%
    String userid = request.getParameter("userid");
    UserDAO userDAO = new UserDAO();
```

```
    Users user = userDAO.queryListById(userid);
%>
<div align="center">
<form action="updateuserok.jsp" method="post">
用户名：<input type="text" name="username" value=<%=user.getUsername()%>><br>
用户密码：<input type="text" name="userpass" value="<%=user.getUserpass()%>"><br>
<input type="hidden" name="userid" value="<%=user.getUserid() %>">
<input type="submit" value="修改"/>
</form>
</div>
<a href="javascript:history.back()">返回</a>
</body>
</html>
```

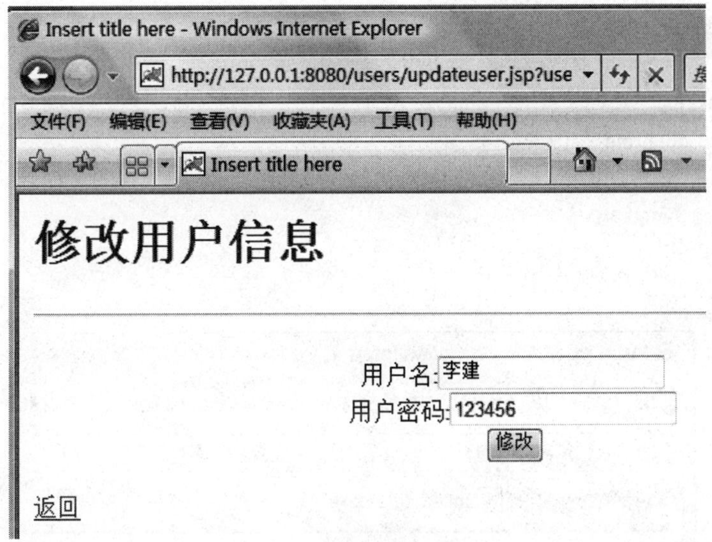

图 8.14　修改用户信息

注意：用户账号 userid 不能被修改，注册后永远不变且唯一。

2．修改用户成功页面（updateuserok.jsp）

重新填入用户名、密码之后，单击“修改”按钮，跳转到用户修改成功页面 updateuserok.jsp。首先利用 request 对象获取用户名和密码等表单信息，然后利用 UserDAO 类文件中的 updateUser()方法修改数据库表 adminuser 中原有用户名、密码，而用户账号是不被修改的。修改用户后提示返回到所有用户记录页（listuser.jsp），如图 8.15 所示。实现代码如下：

```
<%@ page language="java" contentType="text/html; charset=UTF-8" import="com.dao.
UserDAO"%>
<!DOCTYPE html PUBLIC "-//W3C//DTD HTML 4.01 Transitional//EN"
"http://www.w3.org/TR/html4/loose.dtd">
```

```
<html>
<head>
<meta http-equiv="Content-Type" content="text/html; charset=UTF-8">
<title>Insert title here</title>
</head>
<body>
<%
    request.setCharacterEncoding("UTF-8");
    String userid=request.getParameter("userid");
    String username=request.getParameter("username");
    String userpass=request.getParameter("userpass");
    UserDAO userDAO=new UserDAO();
    int result=userDAO.updateUser(userid,username,userpass);
    if(result==1){
        out.print("修改成功<a href='listuser.jsp'>返回</a>");
    }else{
        out.print("修改失败");
    }
%>
</body>
</html>
```

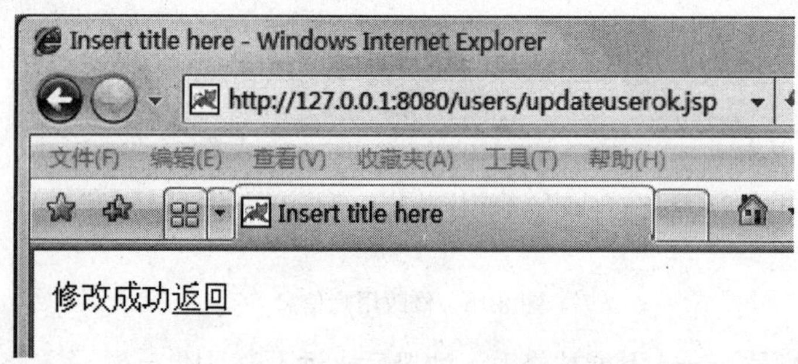

图 8.15 用户修改成功页面

至此，基于 DAO 设计模式实现用户登录系统讲解完了。对比传统设计模式与 DAO 设计模式，二者在应用上的差别在于：

- 如果是中、小型项目（如学校或企事业门户网站、网络课程等）开发，可采用传统设计模式，效率很高。
- 对于大型项目（如教学系统、教务办公系统、考试系统等）的开发，则需要采用 DAO 设计模式，开发效率高，易维护。

【举一反三】基于 DAO 设计模式开发用户信息检索系统。

提示：

UserDAO.java

```
...
public Users reseachkey(String keyword) {
        Users user = new Users();
        Connection conn = null;
        Statement st = null;
        ResultSet rs = null;
        try {
                conn = DBConnection.getConnection();
                st = conn.createStatement();
                rs = st.executeQuery("SELECT userid,username,userpass FROM adminuser
                        WHERE username like ' %"+keyword+"%'");
                if (rs.next()) {
                        user.setUserid(rs.getString("userid"));
                        user.setUserpass(rs.getString("userpass"));
                        user.setUsername(rs.getString("username"));
                }
        } catch (SQLException e) {
                e.printStackTrace();
        } finally {
                try {
                        rs.close();
                        st.close();
                        conn.close();
                } catch (SQLException e) {
                        e.printStackTrace();
                }
        }
        return user;
}
...
```

参 考 文 献

[1] 庞娅娟，房大伟，张跃廷. SQL Server 应用与开发范例宝典（第 2 版）. 北京：人民邮电出版社，2009.

[2] John L. Viescas，Michael J. Hernandez. SQL 查询初学者指南（第 2 版）. 刘红伟等，译. 北京：机械工业出版社，2008.

[3] 张琴，张千帆. 从零开始——JSP 动态网页制作基础培训教程. 北京：人民邮电出版社，2005.

[4] 李兴华. Java 开发实战经典（名师讲坛）. 北京：清华大学出版社，2009.

[5] 王勇，代桂平，方娟，毛国君. Java 编程基础、实例与进阶. 北京：清华大学出版社，2008.

反侵权盗版声明